R

数据科学

——从数据挖掘基础到深度学习

[日] 北荣辅 著　马莉 译

案例+测试题

中国水利水电出版社
www.waterpub.com.cn
·北京·

内容提要

与 SPSS、Excel、Python 部分功能相似，R 是一款免费的、简单易学、优秀的统计分析软件，广泛应用于数据分析、统计建模和数据可视化等。《R 数据科学 —— 从数据挖掘基础到深度学习》一书就用 R 语言解释了主要数据挖掘技术的理论基础，并通过实例介绍了具体的应用方法和实现过程。全书分为多变量分析和机器学习两部分，内容涵盖回归分析、主成分分析、判别分析、聚类分析、神经网络、支持向量机（SVM）、贝叶斯估计、自组织映射网络、决策树和深度学习等，特别适合有一定 R 语言使用基础，想通过 R 语言快速了解数据挖掘和深度学习技术的读者学习。

图书在版编目（CIP）数据

R 数据科学：从数据挖掘基础到深度学习／（日）北
荣辅著；马莉译． -- 北京：中国水利水电出版社，2021.9
ISBN 978-7-5170-9592-7

Ⅰ．①R… Ⅱ．①北… ②马… Ⅲ．①程序语言一程
序设计 Ⅳ．① TP312

中国版本图书馆 CIP 数据核字 (2021) 第 087220 号

北京市版权局著作权合同登记号　图字：01-2020-7629
Original Japanese Language edition
R DE MANABU DATA SCIENCE -DATA MINING NO KISO KARA SHINSO GAKUSHU MADE-
by Eisuke Kita
Copyright © Eisuke Kita 2018
Published by Ohmsha, Ltd.
Chinese translation rights in simplified characters by arrangement with Ohmsha, Ltd.
through Japan UNI Agency, Inc., Tokyo and Copyright Agency of China, Beijing
版权所有，侵权必究。

书　　名	R 数据科学——从数据挖掘基础到深度学习 R SHUJU KEXUE——CONG SHUJU WAJUE JICHU DAO SHENDU XUEXI	
作　　者	[日] 北 荣辅	
译　　者	马莉	
出版发行	中国水利水电出版社 （北京市海淀区玉渊潭南路1号D座　100038） 网址：www.waterpub.com.cn E-mail：zhiboshangshu@163.com 电话：（010）62572966-2205/2266/2201（营销中心）	
经　　售	北京科水图书销售中心（零售） 电话：（010）88383994、63202643、68545874 全国各地新华书店和相关出版物销售网点	
排　　版	北京智博尚书文化传媒有限公司	
印　　刷	北京富博印刷有限公司	
规　　格	148mm×210mm　32开本　5.75印张　192千字	
版　　次	2021年9月第1版　2021年9月第1次印刷	
印　　数	0001—3000册	
定　　价	69.80元	

写在前面的话

现如今，大数据、人工智能（AI）、Internet of Things（IoT）等各种信息方面的用语盘互交错。可以预想到今后在商业领域也会越来越多地运用数据分析、数据科学等信息学的思维模式、方法论。信息学的研究要想应用到社会与商业领域中解决问题、创造价值，首先需要对所得数据进行加工，从而提取所需信息。这些方法统称为数据挖掘。所谓数据挖掘，就是指从大量鱼龙混杂的数据中提取所需信息的操作。

关于数据挖掘中所用到的方法，我们需要了解的有多变量分析法中的回归分析、主成分分析、判别分析和聚类分析。除此之外，还有近几年备受瞩目的机器学习技术中的神经网络、支持向量机（SVM）、贝叶斯估计等。在神经网络领域，还需要对近期受到关注的深度学习有一定程度的了解。

但是，不论文科生还是理科生，对于信息学科领域外的学生而言，想要在掌握了线性代数、微积分、函数论知识的基础上，使用复杂的编程语言，实现多变量分析和机器学习的技术，门槛的确有些高，要掌握也需要一定的时间。本书的目标就是让大家学会数据挖掘方法的基础理论知识，并能够使用 R 进行实际操作。R 虽然是编程语言，但作为一种适合数据挖掘的语言，不论文科还是理科都早已被广泛使用。

本书总体分为两部分。第 1 部分是多变量分析。其中，第 1 章会对数据挖掘和多变量分析的概要进行说明，从第 2 章开始到第 5 章将会学习回归分析、主成分分析、判别分析和聚类分析。第 2 部分是机器学习。其中，第 6 章会对机器学习概要进行说明，从第 7 章开始到第 12 章将会学习神经网络、支持向量机、贝叶斯估计、自组织映射网络、决策树和深度学习（深度神经网络）。

在编写本书期间，虽然在周末和节假日无法陪伴我的家人，但仍得到了家人的大力支持，非常感谢他们。此外，Ohmsha 公司的各位也给了我很多照顾，能够完成本书的创作离不开他们的支持，在此表示衷心的感谢。

北 荣辅

本书资源下载方式及服务

本书中例题和测试题的程序文件，可通过下面的方式下载：

（1）扫描右侧的二维码，或在微信公众号中直接搜索"人人都是程序猿"，关注后输入 r9270 并发送到公众号后台，即可获取资源的下载链接。

（2）将链接复制到计算机浏览器的地址栏中，按 Enter 键即可下载资源（在手机中不能下载，只能通过计算机浏览器下载）。

注意：

· 本书配套资源仅限购买本书的读者使用，严禁外传或网络分发。另外，资源的著作权归本书的作者北 荣辅先生所有。

· 本书资源仅供读者学习使用，因使用本书资源而造成的直接或间接的损失，由读者个人负责，作者及 Ohmsha 公司不承担任何责任。

（3）读者也可加入 QQ 群 864044693，与其他读者交流学习。

出版声明

本书中出现的公司名·产品名一般是各公司的注册商标或商标。

本书发行之际已尽可能地注意了内容的准确性，对于因使用本书内容而产生的结果、或未能使用本书而产生的结果，作者、出版社均不负任何责任，敬请谅解。

根据著作权法规定，本书受著作权法保护。著作权人拥有本书的复制权、翻译权、上映权、转让权、公众发送权（包括可发送权）。擅自对本书的所有或部分内容进行转载、复印、翻印、输入电子设备等都属于侵权行为。此外，请注意，代理商等第三方机构不可对本书进行扫描、数字化，即使是个人或家庭内部使用也将被视为侵权行为。

除著作权法中规定的限制事项外，禁止擅自复印本书。若想要复印本书，请事先联系以下单位，取得复印许可。

出版者著作权管理机构

（电话：03-5244-5088，FAX：03-5244-5089，e-mail：info@jcopy.or.jp）

致谢

本书的顺利出版是作者、译者、所有编辑、排版、校对等人员共同努力的结果。在出版过程中，尽管我们力求完美，但因为时间、学识和经验有限，也难免有疏漏之处，请读者多多包涵。如果对本书有什么意见或建议，请直接将信息反馈到邮箱 2096558364@QQ.com，我们将不胜感激。

祝你学习愉快！并衷心祝愿你顺利掌握 R 语言数据挖掘技术，早日踏入理想的工作领域！

编　者

目录

第 **1** 部分

多变量分析

在使用大量精密数据的大数据时代以前,就有很多场合需要使用数据挖掘,如预测顾客的购买意向和判断企业经营决策等。在那个时代,数据挖掘使用的是多变量分析法。

近年来,在备受关注的数据挖掘方法中,有深度学习和贝叶斯估计等各种不同的方法。第 1 部分将学习在这些方法出现之前所使用的多变量分析法。其中包括测定数据趋势和周期性的方法,以及测定数据间关联性的方法等。第 1 部分在对数据挖掘进行概括介绍后,接下来将会学习回归分析、主成分分析、判别分析和聚类分析。

第 **1** 章

数据挖掘

1.1 ◆ 何谓数据挖掘

数据挖掘（data mining）是一种发现数据的趋势以及多个数据之间的关系的理论或方法。数据挖掘中常用到的例子就是"超市中买纸尿裤的人比买啤酒的人多"，在调查了超市里顾客的购买记录以及购买清单后，以上的结论便可得以印证。数据挖掘的目的就是通过实时分析大量数据，自动发现这样的趋势或者更为准确的购买倾向。若以文本数据为分析对象，则称为文本数据挖掘（text mining），以Web 数据为分析对象，则称为 Web 数据挖掘（Web mining）。

如果能从年龄、性别、收入、购买记录这些数据综合来考虑，并了解到顾客需要怎样的产品与服务，就能向顾客推荐他们所需要的产品与服务。这种与电子商务网站中信息过滤等方法并用的服务称为推荐系统（recommendation）。在顾客购买东西时，电子商务网站还会向顾客推荐同时可购买的产品，而且推荐的商品顺序会不断变化，这就是推荐技术。同样的方法如果用于广告宣传，锁定潜在客户，便可以进行更有效的市场推广。在制造业通过使用数据挖掘技术，可以细化预计生产量，建立更为精密的生产计划。高度运用这项技术是第四次工业革命的关键。

1.2 ◆ 多变量分析的方法

以前的数据挖掘所使用的方法是多变量分析法。简单来说，多变量分析是指针对多个说明变量组成的数据群进行分析的方法。其中包括测定数据的长期性趋势与周期性，以及测定数据间关联性等方法。如果将数据的长期性趋势与周期性用数理模型来表现，就可以从过去的数据预测未来的数据变化。此外，数据间的关联性如果用数理模型来表现，就能预先从已测定的数据中预测出无法测量的其他数据的趋势。主要的方法有回归分析、主成分分析、判别分析、聚类分析等。

把要分析的事件变量称为目标变量，为了说明目标变量所使用的变量称为说明变量（也称为解释变量）。在回归分析中，将目标变量定义为说明变量的关系式（函数）。此时，大家可能会认为说明变量越多就越能准确地说明目标变量。其实未必，在很多情况下，选择合适的说明变量才能够进行更准确的分析。因此，为了测定目标变量与说明变量的关联强度，选择适当的说明变量，就需要用到关联分析。在说明变量之间使用变量转换，然后定义更适合的变量并加以利用，这样的方法叫作主成分分析。此外，判别分析法和聚类分析法是以预先分类好的数据为基础，将未分类的数据进行分类的方法，所以有时也会用到回归分析法。在第 1 部分将学习这些方法。

1.3 ◆ 第 1 部分的阅读方法

　　第 1 部分介绍多变量分析法。在第 1 章概括介绍了数据挖掘和多变量分析的基础知识后，从第 2 到第 5 章会对回归分析、主成分分析、判别分析、聚类分析一一进行详细介绍。回归分析是从分析数据中寻求说明变量与目标变量的关系式（称为回归式），判别分析可以看作是对回归式的应用，主成分分析的目的是缩减回归分析的说明变量，聚类分析法将介绍层次聚类分析和非层次（分割优化）聚类分析。

　　这些技术与第 2 部分将要讲解的机器学习的方法和理论虽然有很大差异，但目标变量和说明变量之间关系式的导出和应用非常有助于理解回归分析和判别分析的内容。

## 第 2 章

回归分析

预测

2.1 ◆ 何谓回归分析

回归分析（regression analysis）是指将目标变量定义为说明变量的函数，定量分析从属变量和说明变量之间关系的方法。通常需要准备多组说明变量和目标变量，然后确定两者的关系式。目标变量是指需要分析的数值，说明变量是指在确定目标变量的函数时所使用的变量。如果使用说明变量能够准确地表现出目标变量，那么就可以使用这个关系式预测目标变量的未来数值，继而进一步确定以未来数值为所需值的说明变量的值。

说明变量只有 1 个的情况称为一元回归分析，或者简称为回归分析。说明变量为 2 个以上的则称为多元回归分析。

◆ 1. 说明变量和目标变量

在一元回归分析中，假设说明变量为 x，目标变量为 y，则可以使用函数 f 进行如下描述：

$$y = f(x) \tag{2.1}$$

多元回归分析中，假设说明变量为 $x_1, x_2, \cdots, x_N$，目标变量为 y，则可以使用函数 g 进行如下描述：

$$y = g(x_1, x_2, \cdots, x_N) \tag{2.2}$$

2. 线性回归和非线性回归

在式（2.1）和式（2.2）中，将目标变量用说明变量的线性组合来表示的情况称为线性回归分析。若将目标变量 y 用说明变量 x 的线性回归方程表示，可得以下公式：

$$y = f(x) \equiv a_0 + a_1 x \tag{2.3}$$

其中，a_0, a_1 是未知系数。

用说明变量 x 的多项式函数表示目标变量 y 时，通过将高阶项放在另一个变量中，就可以得到线性回归方程。例如，用说明变量 x 的 3 次方表示目标变量 y，可得以下公式：

$$y = f(x) \equiv a_0 + a_1 x + a_2 x^2 + a_3 x^3 \tag{2.4}$$

其中，a_0，a_1，a_2，a_3 是未知系数。若 $x \equiv x_1$，$x^2 \equiv x_2$，$x^3 \equiv x_3$ 就变成了

$$y = a_0 + a_1 x_1 + a_2 x_2 + a_3 x_3 \tag{2.5}$$

因此，可以说目标变量 y 是由 3 个说明变量 x_1，x_2，x_3 的线性回归方程得出的。

虽然很多问题中都会使用线性回归方程，但函数 f 和 g 也经常用做非线性函数。作为可使用函数之一，通过以下公式可得出逻辑函数：

$$y = \frac{1}{1 + e^{-x}} \tag{2.6}$$

2.2 ◆ 合适准确的评价方法

回归分析中要多准备几组说明变量和目标变量，目的在于要确定出能够准确表现两者关系的函数公式。因此，就需要使用以下指标来评价关系式中原数据选取的是否合适。

◆ 1. 相关系数

相关系数表示 2 个变量的线性关系，取 –1 以上 1 以下的值。当相关系数是正值时，表示 2 个变量存在正相关；当相关系数为负值时，表示 2 个变量具有负相关。当相关系数为 0 时，表示 2 个变量不相关。

假设变量 x, y 的数据有 n 组，即

$$(x_1, y_1), (x_2, y_2), \cdots, (x_n, y_n) \tag{2.7}$$

此时，两者的相关系数可通过以下式子得出：

$$r_{xy} = \frac{\sum_{i=1}^{n}(x_i - \bar{x})(y_i - \bar{y})}{\sqrt{\sum_{i=1}^{n}(x_i - \bar{x})^2}\sqrt{\sum_{i=1}^{n}(y_i - \bar{y})^2}} \qquad (2.8)$$

其中 $\bar{x}$，$\bar{y}$ 表示各自的平均值。

◆ 2. 可决系数

可决系数（也称为决定系数）写作 R^2，等于相关系数的平方。可决系数表示说明变量对目标变量能够说明的程度，也叫作贡献率。数值越接近 1，表示相对残差越小。

因为回归方程中包含的项数越多，可决系数就越好，所以需要根据说明变量的总数和分析中使用的数据数（与回归方程的项数相关）进行调整。这个就叫作自由度调整后可决系数（adjusted R^2）。

◆ 3. t 检验

t 检验用于评估 2 个数据的平均值是否存在显著性差异。如果某个说明变量的 t 值在 95% 的置信区间外，就可称为"显著水平 5%"。经常用于说明变量的判定。

◆ 4. F 检验

F 检验是指利用 F 分布来检验 2 个数据的方差是否相等（等方差）。当说明变量的 F 值在 95% 的置信区间之外时，通常称为"显著水平 5%"，要进行 2 个数据间的 t 检验，2 个数据就必须是等方差，因此经常要用到 F 检验。

◆ 5. P 值

P 值（显著性概率）表示观测到比从数据计算出的统计量更极端的统计量的概率。显著性水平包括 1% 的显著性、5% 的显著性、10% 的显著性等。通常 P 值小于 0.05 时（5% 的显著性），就可判断出该说明变量可以有效说明目标变量。

2.3 ◆ 例题

◆ 1. 目标变量与说明变量的定义

用 2 个说明变量 x_1，x_2 对目标变量 y 考虑进行回归分析。各变量如下：

$$x_1 = \{38.78, 145.05, 152.69, 160.11, 165.37, 168.61\} \quad (2.9)$$

$$x_2 = \{33.54, 37.92, 43.52, 49.04, 53.41, 59.24\} \quad (2.10)$$

$$y = \{0.35, 8.88, 8.48, 7.92, 7.53, 7.56\} \quad (2.11)$$

为了将目标变量 y 和说明变量 x_1，x_2 定义为向量数据，需要在提示符 ">" 后面输入以下内容：

```
> x1 <- c(38.78 , 145.05, 152.69 , 160.11 , 165.37 , 168.61)
> x2 <- c(33.54 , 37.92 , 43.52 , 49.04 , 53.41 , 59.24)
> y <- c(.35 , 8.88 , 8.48 , 7.92 , 7.53 , 7.56)
>
```

在这里，命令 c 将 () 中用逗号分隔的一系列数值的排列定义为一个向量，代入到 "<-" 左侧的变量中。

接着，要将 3 个变量数据整理成变量 ra.data，需要使用命令 data.frame() 输入以下内容。这样输入 ra.data 后就会显示出结果。

```
> ra.data <- data.frame(x1,x2,y)
> ra.data
      x1    x2    y
1  38.78 33.54 0.35
2 145.05 37.92 8.88
3 152.69 43.52 8.48
4 160.11 49.04 7.92
5 165.37 53.41 7.53
6 168.61 59.24 7.56
```

◆ 2. 相关系数的计算

要计算变量 x_1 和变量 y 的相关系数，需要使用命令 cor() 输入以下内容。

```
> cor(x1,y)
[1] 0.9431553
```

为了能让数据显示在图表中，需要使用命令 plot()。要显示由 ra.data 中包含的所有变量中的任意 2 个组合构成的全部图表，需要输入以下内容。

```
> plot(ra.data)
```

ra.data 因为包含了 x_1，x_2，y 这 3 个变量，所以这里面的任意 2 个组合的图表都可以显示，如图 2.1 所示。

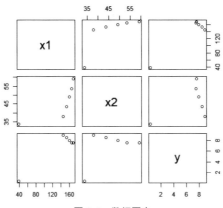

图 2.1　数据图表

命令 plot() 还可以用于显示由特别指定的 2 个变量组成的图表。例如，ra.data 里包含的 3 个变量中，要显示以横轴为 x_1，纵轴为 y 的图表，需要输入以下内容，图像如图 2.2 所示。

```
> plot(ra.data$x1,ra.data$y)
```

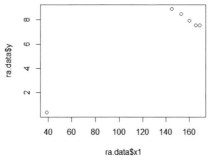

图 2.2　x_1 和 y 的图表

◆ 3. 线性回归分析

将目标变量 y、说明变量 x_1 进行线性回归分析。其目的是用以下公式求取 x_1 与 y 的关系。

$$y = a_0 + a_1 x_1 \tag{2.12}$$

此时，要求取回归方程，需要使用命令 lm() 输入以下内容。

```
> lm.res <- lm(y~x1,data=ra.data)
```

其中 y~ x_1 是指在命令 lm() 中将 y 定义为 x_1 的函数。

此外，data=ra.data 表示 x_1 和 y 是 ra.data 的成分。通过命令 lm() 得出的分析结果被输入到左边的变量 lm.res 中。

要显示命令 lm() 的分析结果，需要使用命令 summary()。

```
> summary(lm.res)

Call:
lm(formula = y ~ x1, data = ra.data)

Residuals:
      1       2       3       4       5       6
-0.3737  1.6909  0.8261 -0.1854 -0.8954 -1.0625

Coefficients:
            Estimate Std. Error t value Pr(>|t|)
(Intercept) -1.63573    1.56121  -1.048  0.35390
x1           0.06084    0.01072   5.676  0.00476 **
---
Signif. codes:  0 '***' 0.001 '**' 0.01 '*' 0.05 '.' 0.1 ' ' 1

Residual standard error: 1.188 on 4 degrees of freedom
Multiple R-squared: 0.8895,    Adjusted R-squared: 0.8619
F-statistic: 32.21 on 1 and 4 DF,  p-value: 0.004755
```

这个分析的目的是确定式（2.12）的系数。在上面的分析结果中，系数 a_0，a_1 列在（Intercept）和 x_1 右侧的 Estimate 下方。Intercept 表示截距，指的是公式里的 a_0。也就是说，根据以上结果，$a_0 = -1.63573$，$a_1 = 0.06084$，线性回归方程可由下式得出：

$$y = a_0 + a_1 x_1 = -1.63573 + 0.06084 x_1 \tag{2.13}$$

Residuals 表示回归方程（2.13）与原数值 y 的偏差。R-squared、F-statistic、p-value 分别表示各自的可决系数、F 值和 P 值。

◆ 4. 线性回归分析（截距为 0 时）

在刚才的例题中，通过计算求得了线性回归方程的截距。不过有些实例会提前告知 $x_1 = 0$、$y_0 = 0$。如果这样，命令 lm() 里需要输入以下内容：

```
> lm.res2 <- lm(y~x1-1,data=ra.data)
```

不同的是在变量 x_1 后面输入了 –1。分析结果的显示方法是相同的。

```
> summary(lm.res2)

Call:
lm(formula = y ~ x1 - 1, data = ra.data)

Residuals:
      1        2        3        4        5        6
-1.5954   1.6036   0.8204  -0.1119  -0.7657  -0.8983

Coefficients:
    Estimate Std. Error t value Pr(>|t|)
x1 0.050165    0.003363   14.92 2.45e-05 ***
---
Signif. codes:  0 '***' 0.001 '**' 0.01 '*' 0.05 '.' 0.1 ' ' 1

Residual standard error: 1.2 on 5 degrees of freedom
Multiple R-squared:  0.978,      Adjusted R-squared:  0.9736
F-statistic: 222.5 on 1 and 5 DF,  p-value: 2.449e-05
```

可以看出，这里不显示与截距（intercept）相关的系数。

5. 显示散点图和回归直线

将用于分析的原始数据绘制成散点图，同时，为了重叠绘制回归直线，需要输入以下内容：

```
> plot(ra.data$x1, ra.data$y)
> abline(lm.res, lwd=1, col="blue")
```

散点图和回归直线如图 2.3 所示。

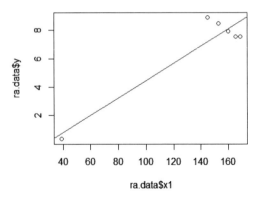

图 2.3　散点图和回归直线

其中 plot(ra.data$x1, ra.data$y) 是指以数据 ra.data 的变量 x_1 为横轴，y 为纵轴来画散点图。此外，abline(lm. res, lwd=1, col="blue") 表示在 lm.res 中求取的回归曲线是用宽度 1（lwd=1）以及蓝色（col="blue"）来标记的。

◆ 6. 计算预测值

要计算预测值，需要使用命令 predict()。首先，要使用式（2.13）通过 x_1 的值计算出 y，需要输入以下内容。

```
> lm.predict <- predict(lm.res)
> lm.predict
        1         2         3         4         5         6
0.7236512 7.1891236 7.6539416 8.1053748 8.4253935 8.6225153
```

预测结果已经输入到变量 lm.predict 中。

要让原始数据和预测值并列显示，需要使用命令 data.frame()。

```
> data.frame(ra.data,lm.predict)
      x1     x2    y lm.predict
1  38.78  33.54 0.35  0.7236512
2 145.05  37.92 8.88  7.1891236
3 152.69  43.52 8.48  7.6539416
4 160.11  49.04 7.92  8.1053748
5 165.37  53.41 7.53  8.4253935
6 168.61  59.24 7.56  8.6225153
```

◆ 7. 多元回归分析

首先，数据 ra.data 中包含的所有变量间的相关系数如下所示：

```
> cor(ra.data)
          x1          x2          y
x1 1.0000000 0.7597655 0.9431553
x2 0.7597655 1.0000000 0.5071690
y  0.9431553 0.5071690 1.0000000
```

上面的例子中，目标变量 y 只是用说明变量 x_1 的函数来定义的。而这次是把 y 以外的所有变量 x_1，x_2 作为说明变量进行线性回归分析，即

$$y = a_0 + a_1 x_1 + a_2 x_2 \qquad (2.14)$$

此时，为了求取回归方程，需要使用命令 lm()。紧接着，要显示出分析结果，需要使用命令 summary()。

```
> lm.res3 <- lm(y~x1+x2,data=ra.data)
> summary(lm.res3)

Call:
lm(formula = y ~ x1 + x2, data = ra.data)

Residuals:
      1        2        3        4        5        6
-0.01665  0.18650  0.05485 -0.23120 -0.35205  0.35854

Coefficients:
             Estimate Std. Error t value Pr(>|t|)
(Intercept)  2.567807   0.761685   3.371 0.043372 *
x1           0.085117   0.004699  18.113 0.000367 ***
x2          -0.164042   0.024125  -6.800 0.006504 **
---
Signif. codes:  0 '***' 0.001 '**' 0.01 '*' 0.05 '.' 0.1 ' ' 1

Residual standard error: 0.3386 on 3 degrees of freedom
Multiple R-squared:  0.9933,    Adjusted R-squared:  0.9888
F-statistic: 221.4 on 2 and 3 DF,  p-value: 0.0005521
```

这样可以得出以下线性回归方程：

$$y = a_0 + a_1 x_1 + a_2 x_2 = 2.567807 + 0.085117 x_1 - 0.164042 x_2 \qquad (2.15)$$

要求得预测值，需要使用命令 predict() 输入以下内容。

```
> lm.predict3<-predict(lm.res3)
> lm.predict3
          1         2         3         4         5         6
0.3666483 8.6934950 8.4251488 8.1512003 7.8820486 7.2014590
> data.frame(ra.data,lm.predict3)
      x1    x2    y lm.predict3
1  38.78 33.54 0.35    0.3666483
2 145.05 37.92 8.88    8.6934950
3 152.69 43.52 8.48    8.4251488
4 160.11 49.04 7.92    8.1512003
5 165.37 53.41 7.53    7.8820486
6 168.61 59.24 7.56    7.2014590
```

若要求取截距为 0 的回归方程，需要在命令 lm() 中输入以下内容：

```
> lm.res4 <- lm(y~x1+x2-1,data=ra.data)
> summary(lm.res4)

Call:
lm(formula = y ~ x1 + x2 - 1, data = ra.data)

Residuals:
      1       2       3       4       5       6
 0.4943  0.8386  0.3682 -0.2521 -0.6402 -0.3013

Coefficients:
    Estimate Std. Error t value Pr(>|t|)
x1  0.081068   0.008609   9.416 0.000709 ***
x2 -0.098035   0.026709  -3.671 0.021381 *
---
Signif. codes:  0 '***' 0.001 '**' 0.01 '*' 0.05 '.' 0.1 ' ' 1

Residual standard error: 0.6417 on 4 degrees of freedom
Multiple R-squared:  0.995,      Adjusted R-squared:  0.9925
F-statistic: 395.6 on 2 and 4 DF,  p-value: 2.53e-05
```

这里需要注意，命令 lm() 的参数稍微有些不同。$lm(y \sim x_1 + x_2-1,\ldots)$ 中的 -1 是为了让截距为 0（通过原点），所以指定它为直线。

◆ 8. 其他的回归分析

考虑回归中所用的函数也包含变量的乘积的情况，即

$$y = a_0 + a_1x_1 + a_2x_2 + a_3x_1x_2 \tag{2.16}$$

此时，可得到以下结果：

```
> lm.res5 <- lm(y~x1*x2,data=ra.data)
> summary(lm.res5)

Call:
lm(formula = y ~ x1 * x2, data = ra.data)

Residuals:
      1        2        3        4        5        6
-0.01032 -0.01080  0.20984 -0.06649 -0.36449  0.24226

Coefficients:
            Estimate Std. Error t value Pr(>|t|)
(Intercept) 26.672446  25.941271   1.028    0.412
x1          -0.045998   0.141123  -0.326    0.775
x2          -0.891274   0.782679  -1.139    0.373
x1:x2        0.004125   0.004437   0.930    0.451

Residual standard error: 0.3466 on 2 degrees of freedom
Multiple R-squared:  0.9953,    Adjusted R-squared:  0.9883
F-statistic: 141.2 on 3 and 2 DF,  p-value: 0.007041
```

其中 $x_1 \colon x_2$ 右边的数值表示 $x_1 \times x_2$ 项的系数，如式（2.17）：

$$\begin{aligned} y = a_0 + a_1x_1 + a_2x_2 + a_3x_1x_2 &= 26.672446 - 0.045998x_1 \\ &\quad - 0.891274x_2 + 0.004125x_1x_2 \end{aligned} \tag{2.17}$$

◆ 9. 有逻辑函数的回归分析

考虑到回归分析中使用的近似函数为任意非线性函数的情况，这里使用 Logistic 函数作为近似函数，即

$$y = \frac{a}{1 + be^{cx_1}} \tag{2.18}$$

用以下数据作为实验数据：

$$x_1 = \{0, 1, 2, 3, 4, 5, 6, 7, 8, 9, 10\} \tag{2.19}$$

$$\begin{aligned} y = \{&19.83494, 12.26842, 7.75708, 2.06081, 0.48709, \\ &0.11015, 0.02466, 0.00551, 0.00123, 0.00027, 0.00006\} \end{aligned} \tag{2.20}$$

在进行非线性回归分析时，要使用命令 nls()。此时，为了确定未知系数 a，b，c，需要试着给未知系数设定初始值。这里的初始值定为

$$a = 5 , b = 0.1 , c = 1.0$$

```
> x1 <- c(0,1,2,3,4,5,6,7,8,9,10)
> y <- c(19.83494,12.26842,7.75708,2.06081,0.48709,0.11015,0.0246
6,0.00551,0.00123,0.00027,0.00006)
> nls.data <- data.frame(x1,y)
> nls.res <- nls(y~a/(1+b*exp(c*x1)),data=nls.data, start<-c(a=5,
b=0.1,c=1.0))
> summary(nls.res)

Formula: y ~ a/(1 + b * exp(c * x1))

Parameters:
  Estimate Std. Error t value Pr(>|t|)
a  26.8375     3.6557   7.341 8.06e-05 ***
b   0.3667     0.1668   2.199   0.0591 .
c   1.0659     0.1440   7.401 7.61e-05 ***
---
Signif. codes:  0 '***' 0.001 '**' 0.01 '*' 0.05 '.' 0.1 ' ' 1

Residual standard error: 0.5837 on 8 degrees of freedom

Number of iterations to convergence: 14
Achieved convergence tolerance: 4.099e-06
```

命令 nls() 中，$y\sim a/(1+b*exp(c*x_1))$ 表示变量 y 与函数 $a/(1+b*exp(c*x_1))$ 相似。data=nls.data 表示变量 x_1, y 包含在数据 nls.data 中。最后，start<-c(a=5,b=0.1,c=1.0) 指定了未知系数的初始值。

要用回归函数计算预测值就需要使用命令 predict()。为了显示整理后的结果，使用了命令 data.frame()。

```
> nls.predict <- predict(nls.res)
> nls.predict
 [1] 19.636107747 12.997322228  6.558803600  2.689869327
 [5]  0.991564284  0.349978892  0.121574549  0.041995841
 [9]  0.014478513  0.004988265  0.001718202
> data.frame(nls.data,nls.predict)
   x1       y  nls.predict
1   0 19.83494 19.636107747
2   1 12.26842 12.997322228
3   2  7.75708  6.558803600
4   3  2.06081  2.689869327
5   4  0.48709  0.991564284
6   5  0.11015  0.349978892
7   6  0.02466  0.121574549
8   7  0.00551  0.041995841
9   8  0.00123  0.014478513
10  9  0.00027  0.004988265
11 10  0.00006  0.001718202
```

　　为了让回归分析中使用的原数据和已得到的回归曲线标记到一起，需要输入以下内容。标记后的图像如图 2.4 所示。

```
> plot(nls.data$x1,nls.data$y,xlim=c(0,10),ylim=c(0,20))
> par(new=T)
> plot(nls.data$x1,nls.predict,type="l",xlim=c(0,10),ylim=c(0,20))
```

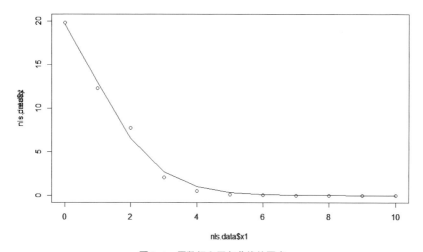

图 2.4　原数据和回归曲线的图表

　　其中 plot(nls.data$x1,nls.data$y,xlim=c(0,10),ylim=c(0,20)) 表示图表的横轴是数据 nls.data 的变量 x_1，纵轴是数据 nls.data 的变量 y。此时这个图表的横轴取值范围是 0 ~ 10、纵轴是 0 ~ 20。plot(nls.data$x1,nls.predict, type="l",xlim=c(0,10), ylim=c(0,20)) 表示图表的横轴是数据 nls.data 的变量 x_1，纵轴是由回归方程计算的数值。par(new=T) 表示在没有删除以前图表的前提下制作的图表，如果不指定这个函数，就会删除以前的图表，需要重新绘制了。

2.4 ◆ 测试题——家庭收支情况分析

　　日本总务统计局的家庭收支情况调查数据（2000 年以后的一系列结果——2 人以上的家庭）如图 2.5 所示。

◢	A	B	C	D	E	F	G	H	I	J	
1	total	food	house	energy	furniture	cloth	medical	trans	education	amenity	
2	309621	66863	16557	24955	9241	18368	10749	31231	12527	29620	
3	290663	68872	18454	25677	8721	13673	11679	30968	14478	28000	
4	335341	74025	18399	25331	10427	17428	11661	38961	17698	34350	
5	335276	72157	18815	22908	8959	17032	11153	41060	24041	32382	
6	308566	75402	19244	21074	10685	17284	11239	35889	11511	32399	
7	297648	71592	21445	18435	11252	16037	11047	34111	9375	30647	
8	326480	74206	24477	18610	14417	17319	11764	40336	11263	34338	
9	309993	76242	18669	20289	10575	12013	11052	35290	8517	36632	
10	296457	71947	19445	20701	9724	12473	9889	36348	16241	28501	

图 2.5　部分家庭收支情况的数据

从左边开始依次是，消费支出（总支出，total），饮食（food），居住（house），电灯、燃气与水（energy），家具与家政用品（furniture），衣服与鞋子（cloth），保健医疗（medical），交通与通信（trans），教育（education），文化娱乐（amenity），其他消费支出（others）。其中，其他消费支出包含零花钱，交际费和生活补贴等。

请对这些数据进行以下操作。

①　对家庭收支情况的总支出进行各个支出项目的相关分析。

②　确定家庭收支情况中总支出的线性多元回归方程。

第 **3** 章

主成分分析

3.1 ◆ 何谓主成分分析

主成分分析的目的在于让拥有多个说明变量的数据尽可能地减少信息损失，把说明变量简化成少量的合成变量。

例如，老师要将学生的成绩在英语、数学、语文、理科、社会几门学科中做对比，从而考虑对学生进行有针对性的指导。虽然 5 门学科可以进行比较，但要总结学生的特征，全部浏览 5 门学科又太多。因此，如果能进行适当的变量转换，将 5 个变量（5 门学科）简化为 2 个变量，这样就可以把学生的成绩显示在平面图表中进行阅览了，这就是主成分分析的简单用法之一。

◆ 1. 主成分

如果数据中有多个说明变量，就需要将这些数据分成多个组（聚类，种类），这里的分类标准就叫作主成分。特征表现力最强，即最容易分类的主成分，称为第 1 主成分，紧接着第 2 强的主成分则为第 2 主成分，第 3 强的就是第 3 主成分。

进行主成分分析时，要排除由多个变量定义的定量数据的变量间的相关，应尽可能地在信息损失最少的状态下，简化为少数不相关的合成变量后再进行分析。当然也有极端例子，如图 3.1 所示。图中，用圆点记录了数据 1 到数据 4。实线显示的正交坐标系 $x_1 - x_2$ 中，用 2 个变量表示数据。而在虚线表示的正交坐标系中，仅用 x_1' 这 1 个坐标系就可以表示数据。像这样，用主成分分析可以通过适当的变量转换减少说明变量的个数。

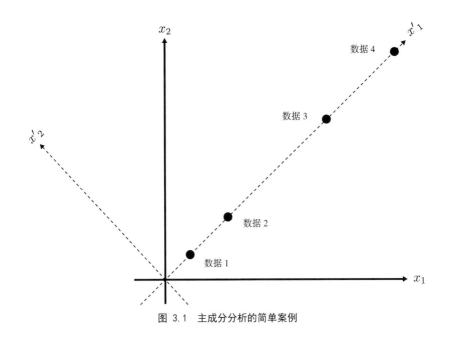

图 3.1 主成分分析的简单案例

因为主成分分析是变量转换，所以主成分的总数与说明变量的总数是相同的，从能够最恰当地表现数据的部分开始，由第 1 主成分、第 2 主成分等组成。

◆ 2. 主成分的求取方法

主成分分析是从说明变量 x_1，x_2，x_3，… 中定义新的变量 X，即

$$X = a_1 x_1 + a_2 x_2 + \cdots \qquad (3.1)$$

其中，参数 a_1，a_2，…，有以下要求：

① 将数据标准化（规格化）。

② 满足条件 $a_1{}^2 + a_2{}^2 + \cdots = 1$。

③ 求取说明变量的平均值。

④ 确定系数，使来自平均值的偏差（不变方差）最大，并将其作为第 1 主成分。

⑤ 与第 1 主成分正交轴中，将偏差最大的作为第 2 主成分。

⑥ 以此重复。

另外，为了使来自平均值的偏差（不变方差）最大而确定系数，这与求取说明变量间的方差协方差矩阵的特征值、固有向量相同。

◆ **3. 特征值与贡献率**

特征值表示其主成分拥有原始数据信息的程度，某个主成分的特征值在所有数据信息中所占的比例称为贡献率，将各主成分的贡献率按照从大到小的顺序加起来得出的数据叫作累计贡献率。

对于特征值 λ ，第 j 个主成分的贡献率可由下式得到。

$$\frac{\lambda_j}{\sum^p \lambda_i} \times 100 \tag{3.2}$$

其中，p 是主成分的总数。到第 j 个主成分的累计贡献率可由下式得到。

$$\frac{\sum^j \lambda_i}{\sum^p \lambda_i} \times 100 \tag{3.3}$$

4. 变量的简化

主成分分析的目的是通过把主成分简化到合适的数量，从而减少变量。使用以下几个方法可以判断出需要使用多少主成分才合适。

第 1 个方法是通过特征值判断。如果特征值超过了各数据变量的标准方差值 1 ，那么就可以采用这个主成分。

第 2 个方法，横向记录主成分的编号，竖向记录对应的特征值数值，并绘制成图表，选取图表中折线趋势比较缓和的主成分。

第 3 个方法，选取累计贡献率达到 70% ~ 80% 的主成分。这种由累计贡献率选取主成分的方法经常被使用。

3.2 ◆ 例题——确定学生成绩主成分个数

◆ 1. 问题设定

为了说明表 3.1 中 5 名学生 A、B、C、D、E 的成绩，可以考虑根据累计贡献率确定合适的主成分个数。

表 3.1　例题

名字	英语	数学
A	60	20
B	100	80
C	80	50
D	60	80
E	70	100

◆ 2. 准备数据

根据命令 c()，可以把变量定义为向量，然后把它们一起整理到数据 pca.data 中。

```
> eng <- c(60,100,80,60,70)
> math <- c(20, 80,50,80,100)
> pca.data <- data.frame(eng, math)
> pca.data
  eng math
1  60   20
2 100   80
3  80   50
4  60   80
5  70  100
```

3. 主成分分析

在进行主成分分析时可以使用命令 prcomp() 或者命令 princomp。这里用的是 prcomp()。要显示结果，需要使用命令 summary()。

```
> pca.res <- prcomp(pca.data)
> pca.res
Standard deviations (1, .., p=2):
[1] 31.76235 15.84781

Rotation (n x k) = (2 x 2):
          PC1        PC2
eng  0.1951205 -0.9807793
math 0.9807793  0.1951205
> summary(pca.res)
Importance of components%s:
                          PC1      PC2
Standard deviation    31.7624  15.8478
Proportion of Variance  0.8007   0.1993
Cumulative Proportion   0.8007   1.0000
```

其中 PC1、PC2 表示第 1 主成分和第 2 主成分。Standard deviation、Proportion of Variance 和 Cumulative Proportion 分别表示标准偏差、贡献率和累计贡献率。为了使累计贡献率在 70% ~ 80% 以上选择主成分。此时，由于只有第 1 主成分累计贡献率是 0.8007，在 80% 以上，所以只选取第 1 主成分就可以。

3.3 ◆ 测试题——对学生成绩进行主成分分析并构建数据图表

5 名学生的英语、数学、语文、理科、社会学科的成绩如表 3.2 所示。请对它们进行主成分分析，根据累计贡献率选择主成分。此外，请将第 1 主成分和第 2 主成分分别作为纵轴和横轴构建数据图表。

表 3.2 学生成绩表

名字	英语	数学	语文	理科	社会
A	60	20	70	50	70
B	100	80	80	90	80
C	80	50	60	70	80
D	60	80	40	80	60
E	70	100	80	70	90

## 第 4 章

判别分析

4.1 ◆ 何谓判别分析

判别分析（discriminant analysis）是指在已提前得知数据属于哪一类的条件下，对还未分类的未知数据进行推断的分析方法。

以预先得知的分类数据为基础，确定判别函数（判别规则），以此来推断未知数据的归属。判别函数包括最简单的线性函数以及非线性函数。针对较为复杂的问题，要使用到后面讲述的神经网络和支持向量机等方法。

◆ 1. 说明变量和目标变量

判别分析中目标变量一般是指定性变量，说明变量是指定性变量或定量变量。这里所说的定量变量是指身高、体重等取连续值的变量，而定性变量是指像 Yes/No、颜色和国籍等无法数值化的变量。在目标变量与定性变量两者之间，如果变量是定性变量，则可用虚拟变量通过离散值转换为定量变量，这样就可以和定量变量一样来使用。

例如，目标变量是物品的颜色，分别有红色、黑色和白色 3 种。颜色是因变量，所以无法用数值表示。但是，如果使用虚拟变量:红色 = –1，黑色 = 0，白色 = 1，这样就可以定量化。此时，正如 –1、0、1 那样，把 0 作为平均值比较好。

判别分析的目的是分成 2 组时，称为简单判别分析，分成 3 组及 3 组以上的称为多元判别分析。

◆ 2. 线性判别问题和非线性判别问题

判别未知数据属于哪一组的函数（判别函数）大致可以分为线性判别函数与非线性判别函数 2 种。使用线性判别函数的判别问题中，根据直线、平面、超平面将数据分为 2 组，当有些问题仅用线性判别函数无法判别时，此时就需要用到非线性判别函数。

例如，要判别由 2 个说明变量定义的数据组。图 4.1 中的红色数据和蓝色数据分别属于不同的组。在图 4.1（a）中，可以用从左下角到右上角画的直线（线性函数）把黑色圆圈的数据和红色圆圈的数据分为 2 组。但在图 4.1（b）中，必须使用椭圆形区域才能将两组数据分开。也就是说，图 4.1（a）中的数据可以用直线进行分类，所以可以用线性判别函数进行判别分析，而图 4.1（b）中的数据则需要用非线性判别函数进行判别分析。

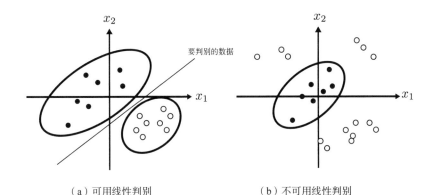

（a）可用线性判别　　　　　　　　（b）不可用线性判别

图 4.1　线性判别和非线性判别

表 4.1　例题

健康 / 疾病	血压	吸烟根数 / 天
健康	80	5
健康	60	3
疾病	160	8
疾病	140	6
健康	90	4
健康	40	6
疾病	180	7
疾病	150	6

4.2 ◆ 线性判别

线性判别方法有许多种，这里讲一下使用多元回归分析法对数据进行线性判别的方法。除了需要对数据进行预处理外，该方法与回归分析相同。

◆ 1. 数据预处理

例如，以表 4.1 的数据为基础确定判别式。在这个例子中，把血压和每天的吸烟根数作为说明变量，并以此来确定判别式，该判别式用来判断检查对象健康或不健康。

定义变量健康为 1，不健康为 0，如表 4.2 所示。

表 4.2　定性的数据转换

健康 / 不健康（y）	血压（x_1）	吸烟根数 / 天（x_2）
1	80	5
1	60	3
0	160	8
0	140	6
1	90	4
1	40	6
0	180	7
0	150	6

数据最好进行变量转换，使所有变量的平均值为 0、方差为 1。不过以下内容是以使用 R 为前提，所以在此进行了省略。

◆ 2. 多元回归分析

将说明变量 x_1，x_2 和目标变量 y 定义如下：

$$x_1 = \{80, 60, 160, 140, 90, 40, 180, 150\} \qquad (4.1)$$

$$x_2 = \{5, 3, 8, 6, 4, 6, 7, 6\} \qquad (4.2)$$

$$y = \{1, 1, 0, 0, 1, 1, 0, 0\} \qquad (4.3)$$

变量之间假设有以下关系：

$$y = a_0 + a_1 x_1 + a_2 x_2 \qquad (4.4)$$

式（4.4）中的系数 a_0，a_1，a_2 将根据多元回归分析来确定，用所得系数可将判别式定义如下：

$$f(x_1, x_2) = a_0 + a_1 x_1 + a_2 x_2 \qquad (4.5)$$

◆ 3. 判别未知数据

例如，要判断血压是 120，每天吸烟根数是 8 的人是健康还是不健康。就可以将未知数据 $\{x_1, x_2\} = \{120, 8\}$ 输入式（4.5）中，如果函数值大于 0.5，则判断为健康；如果函数值小于或等于 0.5，则判断为不健康，即

$$f(120,8) > 0.5，健康$$
$$f(120,8) \leq 0.5，不健康$$

4.3 ◆ 非线性判别

非线性判别方法也有很多种，后面章节中将介绍的神经网络、贝叶斯估计和支持向量机等也可涵盖在此方法中。这些内容会在后续章节中再次介绍，本章将介绍如何使用二次函数的二次判别函数。

4.4 ◆ 例题——健康状况判别分析

◆ 1. 准备学习数据

以表 4.1 中的数据为例。用 R 进行分析时，不需要对 4.2 节所示的数据进行预处理。因此，可将初始数据按照以下内容进行输入。健康用 yes 表示，不健康用 no 表示。目标变量输入变量 y，说明变量输入变量 x_1 和 x_2。将 yes 和 no 用 ""（引号）括起来是为了将它们作为文字变量输入。为了将数据汇总为变量 da.data，要使用命令 data.frame()。

```
> x1 <- c(80,60,160,140,90,40,180,150)
> x2 <- c(5,3,8,6,4,6,7,6)
> y <- c("yes", "yes", "no", "no", "yes", "yes", "no", "no")
> da.data <- data.frame(x1,x2,y)
> da.data
   x1 x2   y
1  80  5 yes
2  60  3 yes
3 160  8  no
4 140  6  no
5  90  4 yes
6  40  6 yes
7 180  7  no
8 150  6  no
```

◆ 2. 生成线性判别式

　　通过命令 library(MASS) 可读取程序库 MASS。接着，使用命令 lda() 确定线性判别函数。lda(y~.,data=da.data) 的意思是使用 da.data 中包含的其余所有变量来确定判别数据 da.data 中包含的变量 y 的函数。并将其结果输入到变量 lda.res 中。

```
> library(MASS)
> lda.res <- lda(y~., data=da.data)
> lda.res
Call:
lda(y ~ ., data = da.data)

Prior probabilities of groups:
 no yes
0.5 0.5

Group means:
       x1   x2
no  157.5 6.75
yes  67.5 4.50

Coefficients of linear discriminants:
          LD1
x1 -0.04658564
x2 -0.38882505
```

　　根据上面的结果可以得出以下判别式：

$$y = -0.04658564x_1 - 0.38882505x_2 \qquad (4.6)$$

◆ 3. 判别学习数据

为了确认学习变量的判别准确度，需要使用命令 predict()。其中，predict(lda.res) 表示对 lda.res 进行判别，并将结果输入 lda.predict 中。

```
> lda.predict <- predict(lda.res)
> lda.predict
$class
[1] yes yes no  no  yes yes no  no
Levels: no yes

$posterior
           no           yes
1 1.358316e-04 9.998642e-01
2 2.350001e-08 1.000000e+00
3 9.999999e-01 1.252082e-07
4 9.992767e-01 7.232869e-04
5 2.006802e-04 9.997993e-01
6 7.722117e-08 9.999999e-01
7 1.000000e+00 7.995346e-09
8 9.999317e-01 6.828594e-05

$x
        LD1
1  1.757049
2  3.466412
3 -3.136277
4 -1.426915
5  1.680018
6  3.231650
7 -3.679165
8 -1.892771
```

$class 下方显示的是各个数据的判别结果。以上内容记录了 yes，yes，no，no，yes，yes，no，no，由此可以看出判别结果与确定判别式时所用的原数据一样准确。此外，$posterior 下方显示的是针对 no 和 yes 的真假值。例如，在 1 的地方，no 下面的数值是 1.358316e–04，yes 下面的数值是 9.998642e–01。这表示 no 的真假值接近 0，大部分是假值；yes 的真假值接近 1，大部分是真值。

◆ 4. 针对实验数据的判别分析

下面针对非学习用的数据（实验数据）进行判别分析。首先，判别对象的数据如下：

$$x_1^u = \{150, 200, 110, 70, 220, 240, 130, 60\} \tag{4.7}$$

$$x_2^u = \{8, 10, 8, 6, 12, 12, 9, 5\} \tag{4.8}$$

　　为了定义实验数据,需要使用命令 c() 和命令 data.frame() 输入以下内容,准备数据 da.data2。

```
> x1 <- c(150,200,110,70,220,240,130,60)
> x2 <- c(8,10,8,6,12,12,9,5)
> da.data2 <- data.frame(x1,x2)
> da.data2
    x1 x2
1 150  8
2 200 10
3 110  8
4  70  6
5 220 12
6 240 12
7 130  9
8  60  5
```

　　为了在 lda.res 中使用判别式,对 da.data2 数据进行判别,需要使用命令 predict() 输入以下内容。predict(lda.res,da.data2) 表示使用在 lda.res 中确定的判别式对 da.data2 数据进行判别。

```
> lda.predict2 <- predict(lda.res, da.data2)
> lda.predict2
$class
[1] no  no  no  yes no  no  no  yes
Levels: no yes

$posterior
           no           yes
1 9.999987e-01 1.327077e-06
2 1.000000e+00 1.928028e-13
3 9.835283e-01 1.647173e-02
4 9.193653e-05 9.999081e-01
5 1.000000e+00 3.335197e-17
6 1.000000e+00 2.968888e-19
7 9.999792e-01 2.078182e-05
8 1.209293e-06 9.999988e-01

$x
         LD1
1 -2.6704211
2 -5.7773533
3 -0.8069954
4  1.8340804
5 -7.4867162
6 -8.4184291
7 -2.1275333
8  2.6887619
```

　　从以上结果可以看出,针对这 8 个数据得到的判别结果是 no,no,no,yes,no,no,no,yes。

◆ 5. 数据图表

以说明变量 x_1，x_2 分别为纵轴与横轴绘制散点图。此时，学习数据里的健康数据显示为蓝色，不健康数据显示为红色。另外，判别数据中的健康数据显示为绿色，不健康数据显示为黄色。因此，需要输入以下内容。

```
> plot(da.data$x1,da.data$x2,col=ifelse(lda.predict$posterior[,1]
<0.5, "blue" ,"red"))
> par(new=T)
> plot(da.data2$x1,da.data2$x2,col=ifelse(lda.predict2$posterior[
,1]<0.5, "green" ,"yellow"))
```

plot(da.data$x1,da.data$x2,col=ifelse(lda.predict$posterior[,1]<0.5,"blue","red")) 里的 da.data$x1，da.data$x2 表示以数据 da.data 中的变量 x_1 为横轴，变量 x_2 为纵轴绘制散点图。变量 col 指定了数据点的颜色 (color)。判别结果的真假值 lda.predict@posterior[,1] 如果小于 0.5 则为蓝色（"blue"），否则描绘为红色（"red"）。

par(new=T) 是指定重叠绘制图表。

plot(da.data2$x1,da.data2$x2,col=ifelse(lda.predict2$posterior[,1]<0.5,"green","yellow")) 表示以数据 lda.data2 中的变量 x_1 为横轴，变量 x_2 为纵轴绘制散点图。此时，数据变量 y 判别结果的真假值是 lda.predict2@posterior[,1]，如果小于 0.5 则为绿色（"green"），否则描绘为黄色（"yellow"）。

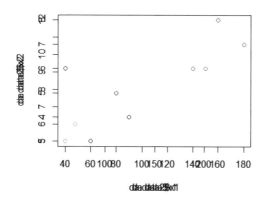

图 4.2　判别数据与实验数据的图表

◆ 6. 生成二次判别式

首先需要读取程序库 MASS。其次，使用命令 qda() 确定二次判别函数。

```
> library(MASS)
> qda.res <- qda(y~., data=da.data)
> qda.res
Call:
qda(y ~ ., data = da.data)

Prior probabilities of groups:
 no yes
0.5 0.5

Group means:
       x1   x2
no  157.5 6.75
yes  67.5 4.50
```

要使用 qda.res 中确定的判别函数来判别所使用的数据，需要使用命令 predict() 输入以下内容。

```
> qda.predict <- predict(qda.res)
> qda.predict
$class
[1] yes yes no  no  yes yes no  no
Levels: no yes

$posterior
            no           yes
1 6.602434e-05 9.999340e-01
2 3.240090e-07 9.999997e-01
3 1.000000e+00 2.222867e-09
4 9.998966e-01 1.033548e-04
5 9.558840e-04 9.990441e-01
6 2.892339e-13 1.000000e+00
7 1.000000e+00 2.502643e-10
8 9.999906e-01 9.411383e-06
```

要使用 qda.res 中确定的判别函数对 da.data2 数据进行判别，需要使用命令 predict() 输入以下内容。

```
> qda.predict2 <- predict(qda.res,da.data2)
> qda.predict2
$class
[1] no  no  yes yes no  no  no  yes
Levels: no yes

$posterior
              no           yes
1 9.999999e-01 7.227693e-08
2 1.000000e+00 7.887670e-18
3 4.887409e-01 5.112591e-01
4 3.858247e-07 9.999996e-01
5 1.000000e+00 5.831619e-24
6 1.000000e+00 1.201109e-27
7 9.997960e-01 2.040208e-04
8 4.493252e-08 1.000000e+00
```

4.5 ◆ 测试题——新汽车购买意愿判别分析

为了进行新汽车的市场调查，针对用户是否愿意购买进行了问卷调查，结果如下。

表 4.3　新汽车购买意愿问卷调查统计表

年龄	性别	是否购买
25	男	yes
35	女	no
70	男	no
50	女	no
30	女	no
20	女	yes
40	男	yes

① 根据这个数据确定二次判别函数。

② 预测 20 岁男性、25 岁女性、45 岁女性、50 岁男性、60 岁男性、60 岁女性、70 岁女性是否会购买。

第 **5** 章

聚类分析

5.1 ◆ 何谓聚类分析

聚类是指在没有外在标准的情况下，对所得数据（或者要素）进行自动分类的方法，也可称为聚类分析。它大致可分为层次聚类和非层次（分割优化）聚类两种分析方法。

层次聚类方法是指将非相似度小（相似度高）的数据汇总到同一群组，从小群组变为大群组。非层次（分割优化）聚类方法需要预先确定群组数，然后根据这些群组数对数据进行恰当的分类。

要在事先得到群组总数的前提下进行聚类分析，需要使用后者。如果无法事先得到群组数，则使用前者。在前者中，有关数据非相似度的测量方法有几种。

◆ 1. 群组

已分类好的部分数据的集合叫作群组。若群组里没有重复，也就是说，不存在某个数据归属于多个群组的情况，称这样的群组为硬聚类。另一方面，群组里如果有重复，即多个群组里都存在某个数据，则称为软聚类（模糊聚类）。

◆ 2. 聚类方法

聚类方法可以分为层次聚类和非层次（分割优化）聚类。

层次聚类是指针对需要聚类的多个数据根据某个标准，从相似的数据开始按顺序进行群组归类。从各自只有 1 个数据为一个群组的分类开始，最终确定所有数据为 1 个群组的层次聚类结构。此时，成为群组归类标准的非相似度中有最短距离法、最长距离法、群平均法和 Ward 法等。

非层次聚类是指确定出表现分割好坏的评价函数，将评价函数最优化的一种聚类分割。它的代表性方法是 k 均值法（k-means 法）。

5.2 ◆ 层次聚类分析

◆ 1. 处理过程

将 N 个数据使用层次聚类分析进行分类的过程如下。此时，由最开始各自只有 1 个数据的 N 个群组变成最终由 N 个数据组成的 1 个群组。

① 只包含 N 个数据中的 1 个数据，由此组成了 N 个群组。

② 计算所有群组之间的距离（或非相似度）。

③ 合并距离最近的群组（非相似度最小）。

④ 当群组数大于 1 时，重复③的操作。

⑤ 所有元素如果都包含在 1 个群组里就结束。

⑥ 整理结果并显示在树形图中。

◆ 2. 非相似度的评价方法

数据点的向量成分由身高、体重等自变量和颜色、出生地等因变量组成。这些数据点的相似性可以用两者的距离（欧几里得距离）大小来比较。任意 2 个数据的说明变量向量如果用 x_1，x_2 来表示，那么这些数据的距离 $d(x_1, x_2)$ 可通过以下等式得出：

$$x_1 = \{x_1{}^1, x_2{}^1, \cdots, x_M{}^1\} \tag{5.1}$$

$$x_2 = \{x_1{}^2, x_2{}^2, \cdots, x_M{}^2\} \tag{5.2}$$

$$d(x_1, x_2) = \sqrt{(x_1{}^2 - x_1{}^1)^2 + (x_2{}^2 - x_2{}^1)^2 + \cdots + (x_M{}^2 - x_M{}^1)^2} \tag{5.3}$$

其中 M 是说明变量的总数。

数据点很容易通过式（5.3）求出。不过，在层次聚类分析中，必须要计算出由多个数据点组成的群组与其他数据点或其他群组间的距离。这样可以使用非相似度来评价群组间的相似度。非相似度的计算方法有许多种，经常使用的有以下几种方法。

● 最短距离法（最近邻法）

在包含各群组的数据中选择距离最近的数据，把这些数据的距离作为 2 个群组的距离。图 5.1（a）中，将 2 个群组设为 C_1，C_2，将群组 C_1 里包含的任意数据设为 x_1，将群组 C_2 里包含的任意数据设为 x_2。如果元素间距离为 $d(x_1, x_2)$，那么群组间距离 $d(C_1, C_2)$ 可由以下等式得出。

$$d(C_1, C_2) = \min_{x_1 \in C_1, x_2 \in C_2} d(x_1, x_2) \tag{5.4}$$

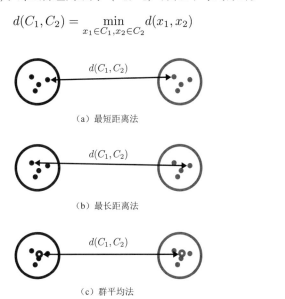

（a）最短距离法

（b）最长距离法

（c）群平均法

图 5.1　层次聚类分析中非相似度的计算方法

● 最长距离法（最远邻法）

选择各群组中距离最远的数据，将这些数据的距离作为 2 个群组的距离。图 5.1（b）中，群组中两个元素最远的距离就是 2 个群组的距离。

$$d(C_1, C_2) = \max_{x_1 \in C_1, x_2 \in C_2} d(x_1, x_2) \tag{5.5}$$

● 群体平均法

2 个群组中所有数据的平均距离就是群组间的距离。

$$d(C_1, C_2) = \frac{1}{|C_1||C_2|} \sum_{x_1 \in C_1} \sum_{x_2 \in C_2} d(x_1, x_2) \tag{5.6}$$

其中 $|C_1|$ 表示的是群组 C_1 中所含元素数。

● Ward 法

Ward 法是指将群组中各个对象到包含此对象的群组的中心距离的平方总和最小化。

$$d(C_1, C_2) = E(C_1 \cup C_2) - E(C_1) - E(C_2) \tag{5.7}$$

具体的公式如下：

$$E(C_i) = \sum_{x \in C_i} [d(x, c_i)]^2 \tag{5.8}$$

只是，c_i 是 C_i 的重心（属于群组 C_i 数据的平均值）。

$$c_i = \frac{1}{|C_i|} \sum_{x \in C_i} x \tag{5.9}$$

5.3 ◆ k 均值法

下面介绍非层次（分割优化）聚类分析的代表性方法 k 均值法（k-means 法）。这个方法以群组 C_i 的重心 c_i（属于群组 C_i 数据的平均值）作为这个群组的代表点，将该群组分割成 k 个群组，从而使式（5.10）的评价函数最小。

$$\sum_{i=1}^{k} \sum_{x \in C_i} [d(x, c_i)]^2 \tag{5.10}$$

k 均值法的算法如下：

① 随机选择 k 个代表点 $c_1, \cdots, c_k$。

② 将 X 中的所有对象分配给具有成为 $c^* = \arg\min_{c_i} d(x, c_i)$ 代表点的群组 C^*。

③ 代表点的分配如果没有变化则终止操作。否则，各群组的重心要作为代表点返回②。

5.4 ◆ 例题——用层次聚类分析法对数据进行聚集

◆ 1. 问题设定

下面用层次聚类分析法对 4 个数据 a, b, c, d 进行聚集。各个数据可以用 2 个说明变量来定义，得出以下内容：

$$a(1,2), b(2,2), c(4,4), d(6,1) \tag{5.11}$$

◆ 2. 数据的定义

使用命令 c() 和命令 data.frame() 将上述数据做如下定义。此外，使用命令 rownames() 在数据前加上名字（标签）"a", "b", "c", "d"。

```
> x<-c(1,2,4,6)
> y<-c(2,2,4,1)
> cls.data<-data.frame(x,y)
> rownames(cls.data)<-c("a","b","c","d")
> cls.data
  x y
a 1 2
b 2 2
c 4 4
d 6 1
```

◆ 3. 计算数据间距离

使用命令 dist() 计算数据间的欧几里得距离，将结果输入到变量 data.dist 中。

```
> data.dist<-dist(cls.data)
> data.dist
         a        b        c
b 1.000000
c 3.605551 2.828427
d 5.099020 4.123106 3.605551
```

数据间的距离显示在横纵数据名称的交点上。例如，数据 a 和 b 的距离在两者的交点处为 1.000000。

◆ 4. 用层次聚类分析法对数据进行聚类分析

数据的聚类分析需要使用命令 hclust()。默认的非相似度评价方法是最长距离法（最远邻法）。

```
> cls.res <- hclust(data.dist)
> cls.res

Call:
hclust(d = data.dist)

Cluster method   : complete
Distance         : euclidean
Number of objects: 4
```

Cluster method，Distance，Number of objects 分别表示簇的非相似度评价方法，距离的定义、数据点的总数。complete 是指已经使用过的最长距离法，euclidean 是指欧几里得（Euclid）距离。

显示分析结果需要使用命令 summary()。

```
> summary(cls.res)
            Length Class  Mode
merge       6      -none- numeric
height      3      -none- numeric
order       4      -none- numeric
labels      4      -none- character
method      1      -none- character
call        2      -none- call
dist.method 1      -none- character
```

数据的树形图如图 5.2 所示。

```
> plot(cls.res)
```

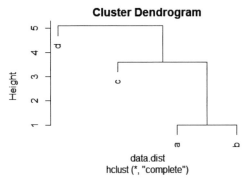

图 5.2　树形图（最远距离法）

聚类分析的非相似度评价方法有以下几种。

表 5.1　非相似度评价方法

符　　号	名　　称
single	最近距离法
complete	最远距离法
average	群平均法
centroid	重心法
median	中值法
ward.D, ward.D2	Ward 法
mcquitty	McQuitty 法

如果要将非相似度评价方法变为 Ward 法后运行，需要输入以下内容。数据的树形图如图 5.3 所示。

```
> cls.res2<-hclust(data.dist, method="ward.D")
> cls.res2

Call:
hclust(d = data.dist, method = "ward.D")

Cluster method   : ward.D
Distance         : euclidean
Number of objects: 4

> plot(cls.res2)
```

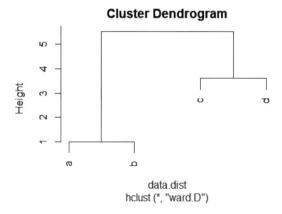

图 5.3　树形图（Ward 法）

◆ 5. 用 k 均值法对数据进行聚类分析

使用命令 k-means() 输入以下内容。这里将数据分割为 3 个集群。

```
> cls.res3<-kmeans(cls.data,3)
> cls.res3
K-means clustering with 3 clusters of sizes 1, 1, 2

Cluster means:
    x y
1 6.0 1
2 4.0 4
3 1.5 2

Clustering vector:
a b c d
3 3 2 1

Within cluster sum of squares by cluster:
[1] 0.0 0.0 0.5
 (between_SS / total_SS =  97.4 %)

Available components:

[1] "cluster"      "centers"      "totss"        "withinss"      "
tot.withinss"
[6] "betweenss"    "size"         "iter"         "ifault"
```

为了确认数据所属的集群编号，需要显示变量 cluster。

```
> cls.res3$cluster
a b c d
3 3 2 1
```

可以看出数据 a，b，c，d 分别从属于集群 3，3，2，1。这些集群的中心坐标使用变量 centers 来显示。

```
> cls.res3$centers
    x y
1 6.0 1
2 4.0 4
3 1.5 2
```

输入以下内容，使集群 1 为红色，集群 2 为蓝色，集群 3 为绿色。

```
> plot(cls.data$x,cls.data$y,col=ifelse(cls.res3$cluster==1,"red"
,ifelse(cls.res3$cluster==2,"blue","green")))
```

以数据 cls.data 的变量 x 为横轴，数据 cls.data 的变量 y 为纵轴绘
制图表，如图 5.4 所示。这里的 col 表示指定颜色（color），数据所属的集群
cls.res3$cluster 为 1 时显示为红色，为 2 时显示为蓝色，否则显示为绿色。

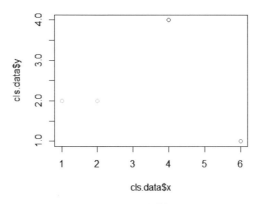

图 5.4　用 k 均值法进行聚类分析

5.5 ◆ 测试题——对美国高等法院法官 进行聚类分析

R 中提前准备了一些统计数据。其中有律师对美国高等法院 43 名法官进行
评价的数据。现在需要对这些法官的特征进行分类。

```
> USJudgeRatings
                CONT INTG DMNR DILG CFMG DECI PREP FAMI ORAL
AARONSON,L.H.   5.7  7.9  7.7  7.3  7.1  7.4  7.1  7.1  7.1
ALEXANDER,J.M.  6.8  8.9  8.8  8.5  7.8  8.1  8.0  8.0  7.8
ARMENTANO,A.J.  7.2  8.1  7.8  7.8  7.5  7.6  7.5  7.5  7.3
BERDON,R.I.     6.8  8.8  8.5  8.8  8.3  8.5  8.7  8.7  8.4
BRACKEN,J.J.    7.3  6.4  4.3  6.5  6.0  6.2  5.7  5.7  5.1
......
```

其中，法官的名字后面记录的是以下变量。

- CONT：律师与法官接触次数。

- INTG：法官的正直程度。

- DMNR：风度。

- DILG：勤勉度。

- CFMG：审判管理（案例水平）。

- DECI：决策效率。

- PREP：准备工作。

- FAMI：对法律的熟悉度。

- ORAL：口头裁决可靠度。

- WRIT：书面裁决可靠度。

- PHYS：体能。

- RTEN：是否值得保留。

请使用层次聚类分析法对这些大法官进行分析，并制作树形图。

第 **2** 部 分

机器学习

统计分析方法是一种研究时间较长，具有实际成果的数据分析方法。近年来，利用 Web 等网络和计算机可以收集到前所未有的海量数据。针对这些数据，运用判别分析和回归分析，可以求取必要数据的关联性。在实际操作时就需要利用计算机进行处理。所以，带着这样的目标研究并应用了机器学习方法。其中最引人注目的方法是神经网络（NN）、支持向量机（SVM）、贝叶斯估计和决策树等。在神经网络领域中，最好也了解一下最近备受关注的深度学习。不过，因为这些领域都是日新月异，所以本书只是涉及了其中一部分，还请谅解。

第 2 部分从下一章开始。第 6 章是机器学习概述，第 7 章介绍以 3 层构造的多层感知器模型为基础的神经网络。第 8 章介绍支持向量机（SVM），第 9 章介绍贝叶斯估计，第 10 章介绍神经网络的一种应用——自组织映射网络。第 11 章介绍决策树，第 12 章介绍深度学习。

第 **6** 章

机器学习概述

6.1 ◆ 何谓机器学习

机器学习（machine learning，ML）的目的是发现数据特征并定量化，运用关系表达式进行预测。此方法应用于搜索引擎、医疗诊断、金融经济分析、生物信息学、模式识别、机器人控制等不同领域。

6.2 ◆ 人工智能与机器学习

人工智能（artificial intelligence，AI）是指通过计算机实现与人类同样智能的研究与技术的统称。人工智能的研究大致分为两种，一种是想在计算机上实现人类的智能，另一种是想把人类使用智能实现的事情让机器来实现。它包含了专家系统、机器学习、进化计算、声音识别、图像识别、自然语言处理、推论、探索等各研究领域。

其中，机器学习（machine learning）是人工智能研究的课题之一，它是用计算机实现与人类拥有相同自然学习能力的技术和方法。通过机器学习可以从收集的数据中找出有意义的规律，并运用于人工智能的大部分领域中。机器学习的可用方法有决策树（decision tree）、关联规则学习（association rule learning）、神经网络（neural network，NN）、支持向量机（support vector machine，SVM）、贝叶斯网络（bayesian network，BN）、强化学习（reinforcement learning）等。近些年，在语音图像处理技术备受关注的深度学习（deep learning，DL）的研究大多是具有复杂网络构造的神经网络。与传统的神经网络为 3 层构造相比，而深度神经网络拥有 4 层以上的构造。过去人们认为网络构造越复杂性能就越高，但在计算成本和模型参数的学习中容易出现问题。而深度学习或深度神经网络就可以解决这些问题。

6.3 ◆ 机器学习与深度学习

第 1 部分讲述了多变量分析方法。多变量分析是指针对多个说明变量组成的数据群进行分析的方法，并介绍了回归分析、主成分分析、判别分析和聚类分析。在分析数据比较少的情况下，经常使用多变量分析法。多变量分析的第 1 阶段是将目标变量定义为说明变量的函数。此时所用的函数多为线性函数，或即使是非线性函数也使用比较简单的函数。如果用于分析的数据比较少，则无法确定复杂的非线性函数公式。但是随着信息通信技术的发展，近年来通过收集大量数据进行分析成为可能。因此，与以往的多变量分析不同的机器学习方法越来越被广泛运用。

作为机器学习的方法，神经网络（neural network，NN）最初被广泛应用于回归分析和判别分析中。神经网络是对大脑功能进行数理建模的一种方法，此项研究最早可以追溯到 20 世纪 40 年代。最初兴起于 1960 年提出的感知器，但这个模型被指只能解析线性分离问题，研究一度陷入停滞。但进入 20 世纪 80 年代后，由多层感知器和误差反向传播算法得出的参数确定法因其可以解决各种问题而备受关注。此后，该研究再次陷入停滞。然而近几年，作为深度学习的方法，特别是在图像处理方面，神经网络因其发挥出了高精度的判别性能而被广泛研究。

深度学习中针对神经网络的研究是在第 2 次热潮与第 3 次热潮之间向前推进的，已经运用和研究完成的有决策树、支持向量机、贝叶斯网络等。支持向量机是图像识别模型的一种，广泛用于判别分析和回归分析中。贝叶斯网络是用有向非循环图对概率变量间的条件依赖关系进行建模，根据过去数据中得出的变量间的依赖关系来估计将来事件的发生概率。

在这些模型中，确定模型参数的方法分为有教师学习（也称监督学习）和无教师学习（也称无监督学习）。有教师学习是指用提前准备正确答案的数据来确定关系式的方法。无教师学习是指不需要正确答案的数据的方法。

第 2 部分将对这些方法进行讲解。

第 **7** 章

神经网络

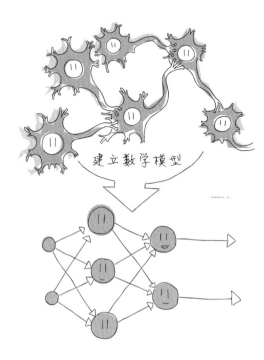

建立数学模型

7.1 ◆ 何谓神经网络

神经网络是指对生物大脑的特性建立数学模型，广泛应用于语音、图像、图形、文字等图像识别和语音识别等领域。近年来，在深度学习中使用的深度神经网络（DNN）广泛应用于图像分析等领域，我们将在后面的章节进行讲解，本章主要介绍基本的神经元模型和 3 层构造的多层感知器模型。

◆ 1. 形式神经元

输入变量 $x = \{x_1, x_2, \cdots\}^{\mathrm{T}}$ 时，输出 y 的关系式如式（7.1）所示。

$$y = g\left(\sum_{i=1}^{n} w_i x_i(t) - \theta\right) \tag{7.1}$$

其中 $\boldsymbol{w} = \{w_1, w_2, \cdots\}^{\mathrm{T}}$ 是加权系数，θ 是阈值，g 表示传递函数。在形式神经元中，阶跃函数是当作传递函数来使用。形式神经网络图解如图 7.1 所示。

$$g(u) = \begin{cases} 1 & u > 0 \\ 0 & \text{其他} \end{cases} \tag{7.2}$$

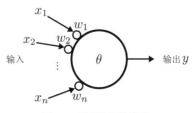

图 7.1 形式神经元模型

◆ 2. 感知器

基于形式神经元模型，提出了由输入层、中间层和输出层这三层组成的感知器（简单感知器）。在这个模型中，输入层与中间层之间是线性连接的，参数学习在中间层与输入层之间进行。

感知器模型如图 7.2 所示，从左边开始依次是输入层、中间层和输出层。设输入变量 $\boldsymbol{x} = \{x_1, x_2, \cdots, x_L\}^{\mathrm{T}}$，中间变量 $\boldsymbol{u} = \{u_1, u_2, \cdots, u_M\}^{\mathrm{T}}$，输出变量 $\boldsymbol{y} = \{y_1, y_2, \cdots, y_N\}^{\mathrm{T}}$，则变量之间的关系式如式（7.3）和式（7.4）所示。

$$u_j = g\left(\sum_i w_{ij} x_i - \theta_j\right) = g(\boldsymbol{w}^t \boldsymbol{x} - \theta_j) \tag{7.3}$$

$$y_k = g\left(\sum_i v_{kj} u_j - \theta_k\right) = g(\boldsymbol{v}^t \boldsymbol{u} - \theta_k) \tag{7.4}$$

其中 $\boldsymbol{w}$ 和 $\boldsymbol{v}$ 表示加权系数，θ_j 和 θ_k 表示阈值。

阶跃函数作为传递函数使用。此外，输入层与中间层之间的系数是固定的，学习时会更新中间层与输出层之间的参数。

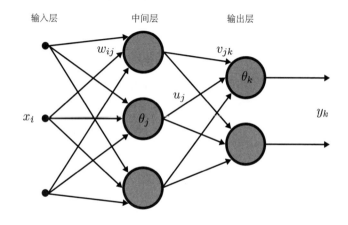

图 7.2 感知器模型

◆ 3. 多层感知器与误差反向传播学习

多层感知器（MLP）是由三层感知器的神经网络模型构成，设输入变量 $x = \{x_1, x_2, \cdots, x_L\}^{\mathrm{T}}$，中间变量 $u = \{u_1, u_2, \cdots, u_M\}^{\mathrm{T}}$，输出变量 $y = \{y_1, y_2, \cdots, y_N\}^{\mathrm{T}}$，则变量之间的关系式如式（7.5）和式（7.6）所示。

$$u_j = g\left(\sum_i w_{ij} x_i - \theta_j\right) = g(\boldsymbol{w}^{\mathrm{T}} \boldsymbol{x} - \theta_j) \tag{7.5}$$

$$y_k = g\left(\sum_i v_{kj} u_j - \theta_k\right) = g(\boldsymbol{v}^{\mathrm{T}} \boldsymbol{u} - \theta_k) \tag{7.6}$$

但是，这里的传递函数用的不是阶跃函数，而是连续函数 Sigmoid 函数。

$$g(u) = \frac{1}{1 + \mathrm{e}^{-u}} \tag{7.7}$$

误差反向传播算法用来确定多层传感器（MLP）的加权系数与阈值。这个方法需要提前准备多组正确的输入数据与输出数据。然后，随机给出加权系数和阈值的参数值，最后进行分析，修改参数值，让其结果接近正确的输出值。

假设随机给出参数值时的输出值为 y_k'，正确的输出值为 y_k，那么误差可由以下公式定义：

$$E = \frac{1}{2} \sum (y_k' - y_k)^2 \tag{7.8}$$

为了使误差最小化，根据最速下降法要对参数进行更新。

$$w_{ij} \leftarrow w_{ij} - \alpha \frac{\partial E}{\partial w_{ij}} \tag{7.9}$$

$$v_{kj} \leftarrow v_{kj} - \alpha \frac{\partial E}{\partial v_{kj}} \tag{7.10}$$

$$\theta_j \leftarrow \theta_j - \alpha \frac{\partial E}{\partial \theta_j} \tag{7.11}$$

$$\theta_k \leftarrow \theta_k - \alpha \frac{\partial E}{\partial \theta_k} \tag{7.12}$$

其中 α 是学习率。具体算法如下。

① 多准备几组输入值 $\boldsymbol{x}$ 和对应正确的输出值 $\boldsymbol{y}$（教师信号）。
② 随机给出加权系数 $\boldsymbol{w}$ 和阈值 $\boldsymbol{\theta}$。
③ 给出输入值 $\boldsymbol{x}$ 后可得输出值 $\boldsymbol{y}'$。
④ 要让输出值 $\boldsymbol{y}'$ 与教师信号 $\boldsymbol{y}$ 的差值最小，需要更新参数。
⑤ 重复操作③和④。

7.2 ◆ 例题 1——使用神经网络对 AND 电路进行判别分析

◆ 1. 习题说明

练习题：定义由 AND 电路构成的神经网络。AND 电路中 2 是输入，1 是输出。假设输入为 x_1，x_2，输出为 y，则 AND 电路内容如下所示。

x_1	x_2	y
1	1	1
1	0	0
0	1	0
0	0	0

此时，MLP 模型如图 7.3 所示。

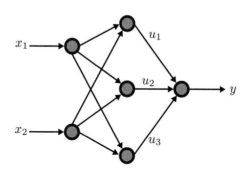

图 7.3　AND 电路相关的 MLP 模型

◆ 2. 判别函数的确定与判别

一元回归分析中，目标变量 y 值是 0，1。而这个例子中说明变量有 2 个，分别是变量 x_1，x_2。用神经网络确定的判别函数表示为 g_{NN}，则

$$y = g_{NN}(x_1, x_2) \tag{7.13}$$

当数据点设为$\{x_1, x_2\} = \{a, b\}$时，可用式（7.14）来判别：

$$\begin{aligned} g_{NN}(a,b) < 0.5 &\rightarrow 0 \\ g_{NN}(a,b) \geqslant 0.5 &\rightarrow 1 \end{aligned} \qquad (7.14)$$

◆　3. 准备学习数据

定义输入变量和输出变量。

```
> x1<-c(1,1,0,0)
> x2<-c(1,0,1,0)
> y<-c(1,0,0,0)
> nn.data<-data.frame(x1,x2,y)
> nn.data
  x1 x2 y
1  1  1 1
2  1  0 0
3  0  1 0
4  0  0 0
```

◆　4. 学习神经网络

要使用神经网络，需要读取程序库 nnet。然后使用命令 nnet()，在 3 层构造的神经网络中将中间层的节点数设为 3 来学习判别式。

```
> library(nnet)
>
> nn.res <- nnet(y~.,data=nn.data,size=3)
# weights:  13
initial  value 0.767986
iter  10 value 0.305628
final  value 0.000000
converged
>
> nn.res
a 2-3-1 network with 13 weights
inputs: x1 x2
output(s): y
options were -
```

命令 nnet() 中的 data=nn.data 表示使用 nn.data 数据。size=3 表示中间层的节点数为 3，y~. 表示以变量 y 作为目标变量确定关系式。#weights:13 表示参数是 13 种。下面的 initial value 0.767986 后面的内容，表示学习神经网络，进行反复计算的情况。最后，用 converged 表示结束。

要显示参数值，需要使用命令 summary()。

```
> summary(nn.res)
a 2-3-1 network with 13 weights
options were -
 b->h1 i1->h1 i2->h1
 10.42 -86.52 -83.01
 b->h2 i1->h2 i2->h2
-19.47  14.71  17.26
 b->h3 i1->h3 i2->h3
  6.24 -79.79 -88.24
  b->o  h1->o  h2->o  h3->o
-36.00   7.21  45.11  -5.21
```

这里显示了 13 种参数，其他信息可以使用命令 str() 来显示。

```
> str(nn.res)
List of 18
 $ n       : num [1:3] 2 3 1
 $ nunits  : int 7
 $ nconn   : num [1:8] 0 0 0 0 3 6 9 13
 $ conn    : num [1:13] 0 1 2 0 1 2 0 1 2 0 ...
......
```

5. 判别实验数据

判别以下数据。

x_1	x_2
0.5	0.5
0.5	1.5
1.5	0.5
1.5	1.5

使用命令 c() 和命令 data.frame() 定义实验数据。

```
> x1<-c(0.5,0.5,1.5,1.5)
> x2<-c(0.5,1.5,0.5,1.5)
> nn.data2<-data.frame(x1,x2)
> nn.data2
  x1  x2
1 0.5 0.5
2 0.5 1.5
3 1.5 0.5
4 1.5 1.5
```

要判别以上数据，需要使用命令 predict()。

```
> nn.pred.res<-predict(nn.res,nn.data2)
> nn.pred.res
        [,1]
1 0.0000000
2 0.9998885
3 0.9998885
4 0.9998885
```

其中 predict(nn.res,nn.data2) 是指使用由 nn.res 确定的判别规则来
判别 nn.data2。

◆ 6. 数据显示

学习数据中判别为真的数据（大于 0.5）显示为蓝色，判别为假的数据（小
于 0.5）则显示为红色。另外，实验数据中判别为真的数据（大于 0.5）显示为绿
色，判别为假的数据（小于 0.5）则显示为黄色。因此需要输入以下内容。

```
> plot(nn.data$x1,nn.data$x2,col=ifelse(nn.data$y>0.5,"blue","red
"),xlim=c(0,2),ylim=c(0,2),xlab="x coordinate",ylab="y coordinate
")
> par(new=T)
> plot(nn.data2$x1,nn.data2$x2,col=ifelse(nn.pred.res[,1]>0.5,"gr
een","yellow"),xlim=c(0,2),ylim=c(0,2),axes=F,xlab="",ylab="")
```

第 1 行，学习数据中判别为真的数据（大于 0.5）显示为蓝色，判别为
假的数据（小于 0.5）则显示为红色。具体来讲，是以 nn.data$x1 为横轴、
nn.data$x2 为纵轴绘制图表。col 是图表的颜色，如 ifelse(nn.data$y>
0.5,"blue","red") 所示，nn.data$y 的值大于 0.5 时显示为蓝色（"blue"），
否则显示为红色（"red"）。xlim=c(0,2) 表示横轴上的范围是 0 ~ 2，
ylim=c(0,2) 表示纵轴上的范围是 0 ~ 2。xlab="x coordinate" 和 ylab="y
coordinate" 分别定义为横轴与纵轴的标签。

第 2 行的 par(new=T) 是指在重新绘制时，不会消除之前的图表。

最后一行，判别数据中判别为真的数据（大于 0.5）显示为绿色，判别为
假的数据（小于 0.5）则显示为黄色。具体来讲，是以 nn.data2$x1 为横轴、
nn.data2$x2 为纵轴绘制图表。col 是指图表的颜色，如 ifelse(nn.pred.
res[,1]>0.5,"green","yellow") 所示，nn.pred. res[,1] 的值大于 0.5 时
显示为绿色（"green"），否则显示为黄色（"yellow"）。xlim=c(0,2) 表示横

轴上的范围是 0 ~ 2，ylim=c(0,2) 表示纵轴上的范围是 0 ~ 2。axes=F 表示不显示图表轴。

实际显示内容如图 7.4 所示。

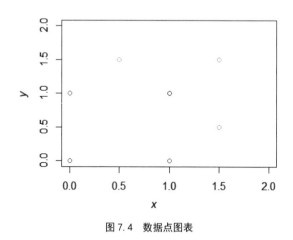

图 7.4　数据点图表

7.3 ◆ 例题 2——使用神经网络对数据进行回归分析

◆ 1. 习题说明

使用神经网络进行回归分析。目标变量 y 和说明变量 x_1，x_2 分别给出以下数据。

$$x_1 = \{38.78, 145.05, 152.69, 160.11, 165.37, 168.61\} \tag{7.15}$$

$$x_2 = \{33.54, 37.92, 43.52, 49.04, 53.41, 59.24\} \tag{7.16}$$

$$y = \{0.35, 8.88, 8.48, 7.92, 7.53, 7.56\} \tag{7.17}$$

◆ 2. 确定回归函数

2 个说明变量分别为 x_1，x_2，由此可确定目标变量 y 的函数 g_{NN}。

$$y = g_{NN}(x_1, x_2) \tag{7.18}$$

◆ 3. 准备学习数据

将目标变量 y 和说明变量 x_1，x_2 定义为向量数据。

```
> x1 <- c(38.78 , 145.05, 152.69 , 160.11 , 165.37 , 168.61)
> x2 <- c(33.54 , 37.92 , 43.52 , 49.04 , 53.41 , 59.24)
> y <- c(.35 , 8.88 , 8.48 , 7.92 , 7.53 , 7.56)
```

使用命令 data.frame()，将 3 个变量数据整理为变量 ra.data。

```
> ra.data <- data.frame(x1,x2,y)
> ra.data
      x1    x2    y
1  38.78 33.54 0.35
2 145.05 37.92 8.88
3 152.69 43.52 8.48
4 160.11 49.04 7.92
5 165.37 53.41 7.53
6 168.61 59.24 7.56
```

◆ 4. 确定回归方程

用神经网络对目标变量 y 和说明变量 x_1，x_2 进行回归分析，需要使用命令 nnet() 输入以下内容。

```
> nn.ra.res <- nnet(y~., data=ra.data, size=10, linout=TRUE, maxi
t=300)
# weights:  41
initial  value 218.616165
iter  10 value 49.081882
iter  20 value 1.288386
iter  30 value 1.068075
iter  30 value 1.068075
iter  30 value 1.068075
final  value 1.068075
converged
>
> nn.ra.res
a 2-10-1 network with 41 weights
inputs: x1 x2
output(s): y
options were - linear output units
```

其中 $y\sim$. 表示用其他所有变量来定义 y 的回归方程。此外，data=ra.data 表示 x_1, x_2, y 是数据 ra.data 的成分。size=10 表示中间层的节点数为 10。linout=TRUE 是回归分析时指定的变量，默认 linout=FALSE，此时，需要在这种情况下进行判别分析。maxit=300 是指定学习次数的最大值，默认 maxit=100。

要显示由命令 nnet() 得出的分析结果，需要使用命令 summary()。

```
> summary(nn.ra.res)
a 2-10-1 network with 41 weights
options were - linear output units
 b->h1 i1->h1 i2->h1
  0.39  -0.06  -0.43
 b->h2 i1->h2 i2->h2
  0.53   0.45   0.68
 b->h3 i1->h3 i2->h3
 -0.19   0.61   0.30
 b->h4 i1->h4 i2->h4
 -0.20  -0.53   0.02
 b->h5 i1->h5 i2->h5
  0.62  -2.24   6.31
 b->h6 i1->h6 i2->h6
  0.31   0.43   0.02
 b->h7 i1->h7 i2->h7
  0.29   0.38   0.26
 b->h8 i1->h8 i2->h8
  0.30  -0.92  -0.80
 b->h9 i1->h9 i2->h9
  0.23  -0.19  -0.15
 b->h10 i1->h10 i2->h10
 -0.52   0.08    0.53
  b->o  h1->o  h2->o  h3->o  h4->o  h5->o  h6->o  h7->o
  1.59   0.63   1.26   1.77   0.55  -7.85   1.72   1.21
 h8->o  h9->o  h10->o
  1.00   0.13   0.65
```

截距为 0 进行分析时，需要输入以下内容。

```
> nn.ra.res2 <- nnet(y~.-1, data=ra.data, size=10, linout=TRUE, m
axit=300)
# weights:  41
initial  value 452.176801
iter  10 value 1.412882
iter  20 value 1.398335
final   value 1.398320
converged
```

◆ 5. 计算预测值

要根据神经网络中所得的回归方程计算学习数据 x_1, x_2，需要使用命令 predict()。

```
> nn.ra.predict <- predict(nn.ra.res)
> nn.ra.predict
        [,1]
1 0.3499993
2 8.2025003
3 8.2025003
4 8.2025003
5 8.2025003
6 7.5600011
```

比较预测值和实测值，如以下内容所示。

```
> data.frame(ra.data, nn.ra.predict)
      x1     x2    y nn.ra.predict
1  38.78 33.54 0.35     0.3499993
2 145.05 37.92 8.88     8.2025003
3 152.69 43.52 8.48     8.2025003
4 160.11 49.04 7.92     8.2025003
5 165.37 53.41 7.53     8.2025003
6 168.61 59.24 7.56     7.5600011
```

现在需要求取学习数据以外的点的数值。以下内容给出了回归方程中要计算的数值点。

$$x_1 = \{150, 160, 170\} \tag{7.19}$$

$$x_2 = \{35, 40, 50\} \tag{7.20}$$

将以上数值整理为数据 ra.data2。

```
> x1 <- c(150,160,170)
> x2 <- c(35,40,50)
> ra.data2 <- data.frame(x1,x2)
> ra.data2
   x1 x2
1 150 35
2 160 40
3 170 50
```

使用命令 predict() 计算数值。

```
> nn.ra.predict2 <- predict(nn.ra.res, ra.data2)
> nn.ra.predict2
       [,1]
1 8.176619
2 7.043343
3 6.148644
```

7.4 ◆ 测试题——神经网络在判别分析和回归分析中的应用

7.4.1 使用数据集 iris 进行判别分析

R 中包含了若干个数据集。其中，本例要使用由 Fisher 和 Anderson 整理的鸢尾花卉数据集 iris。数据集 iris 有 3 类，其中收集了萼片（Sepal）和花瓣（Petal）的长度与宽度。记录的数据变量包括有萼片的长度、萼片的宽度、花瓣的长度、花瓣的宽度以及品种。品种是定性变量，其他 4 个变量是定量变量。

要使用数据集 iris，需要输入命令 data(iris)。若只显示数据记录里最开始的几行，需要输入命令 head(iris)。

```
> data(iris)
> head(iris)
  Sepal.Length Sepal.Width Petal.Length Petal.width Species
1          5.1         3.5          1.4         0.2  setosa
2          4.9         3.0          1.4         0.2  setosa
3          4.7         3.2          1.3         0.2  setosa
4          4.6         3.1          1.5         0.2  setosa
5          5.0         3.6          1.4         0.2  setosa
6          5.4         3.9          1.7         0.4  setosa
```

从左开始依次是：萼片的长度 Sepal.Length、萼片的宽度 Sepal.Width、花瓣的长度 Petal.Length、花瓣的宽度 Petal.Width、品种 Species。

从数据集 iris 中选取一部分作为学习数据集（也称为训练数据集），一部分作为实验数据集（也称为测试数据集），分开保存。数据集里所含数据的总数可以使用命令 nrow() 求取，iris 一般是 150 个。

```
> nrow(iris)
[1] 150
```

其中的 4/5 作为学习数据集，1/5 作为实验数据集保存。使用命令 sample()，可在 1 ~ 150 数值中随机选择 120 个，其结果保存在变量 idex 中。

```
> idex <- sample(nrow(iris),nrow(iris)*4/5)
> idex
  [1] 104  93  18  79  46 107 110  30  17 133  20   6 121 111
 [15] 120  11  74  25  65 145  21  59 118 146  90 101 125 100
 [29]  47 143  82  51 129  15  52 105  99  70 131  31  69  34
 [43]  27   9   3 142  24  54 150 137  26 126 114   1 141  45
 [57]  37  50 124  94  43  68  91  16 147  55 112  61 103 102
 [71]   4  56   7  98 127 116 109  41  14  57 139  63  29 148
 [85]  22  84  19 149  32   5 106  36  88  72  66  42   2  87
 [99]   8  77  85  38  75 123  97 115 136  44  12  23  62  33
[113] 135 108  39  96  64  73 113  89
```

sample(nrow(iris),nrow(iris)*4/5) 中，第一个 nrow(iris) 表示从 1 到 nrow(iris)（=150）之间的值中用均匀随机数选择整数值。第 2 个 nrow(iris)*4/5（=120）表示选择了 120 个数值。

输入以下内容可将原保存在变量 idex 里的数值数据保存到学习数据集 iris.train.data 中。

```
> iris.train.data <- iris[idex,]
> nrow(iris.train.data)
[1] 120
> head(iris.train.data)
    Sepal.Length Sepal.Width Petal.Length Petal.Width
104          6.3         2.9          5.5         1.8
93           5.8         2.6          4.0         1.2
18           5.1         3.5          1.4         0.3
79           6.0         2.9          4.5         1.5
46           4.8         3.0          1.4         0.3
107          4.9         2.5          4.5         1.7
         Species
104    virginica
93    versicolor
18        setosa
79    versicolor
46        setosa
107    virginica
```

其中 iris[idex,] 表示将保存在 idex 中的整数值作为编号数据来使用。

输入以下内容可将未保存在学习数据集 iris.train.data 中的数据保存到实验数据集 iris.test.data 中。

```
> iris.test.data <- iris[-idex,]
> nrow(iris.test.data)
[1] 30
> head(iris.test.data)
   Sepal.Length Sepal.Width Petal.Length Petal.Width Species
10          4.9         3.1          1.5         0.1  setosa
13          4.8         3.0          1.4         0.1  setosa
28          5.2         3.5          1.5         0.2  setosa
35          4.9         3.1          1.5         0.2  setosa
40          5.1         3.4          1.5         0.2  setosa
48          4.6         3.2          1.4         0.2  setosa
```

其中 iris[-idex,] 表示除去原保存在 idex 中作为编号的整数值以外的数值数据。

请对 2 个数据集进行以下操作。

① 使用学习数据，将 Species 作为目标变量，其他的 4 个变量作为说明变量，确定判别函数。

② 使用确定的判别函数对实验数据进行判别。

7.4.2　使用数据集 ToothGrowth 进行回归分析

R 中的数据集 ToothGrowth 记录了 3 种维生素的给药量和通过 2 种摄取方法测定豚鼠牙齿生长量的结果。

输入命令 data(ToothGrowth) 后就可使用数据集 ToothGrowth。若只显示数据记录里最开始的几行，需要输入命令 head(ToothGrowth)。

```
> data(ToothGrowth)
> head(ToothGrowth)
   len supp dose
1  4.2   VC  0.5
2 11.5   VC  0.5
3  7.3   VC  0.5
4  5.8   VC  0.5
5  6.4   VC  0.5
6 10.0   VC  0.5
```

数据集 ToothGrowth 中记录的数据种类从左开始依次是牙齿生长量 len、给药方法 supp、给药量 dose。len 和 dose 是定量变量，supp 是定性变量。分别取了 VC（维生素 C）和 OJ（橙汁）2 个值。

　　从数据集 ToothGrowth 中选取一部分作为学习数据集，一部分作为实验数据集，分开保存。数据集中所包含的数据总数使用命令 nrow() 求取，ToothGrowth 一般为 60 个。

```
> nrow(ToothGrowth)
[1] 60
```

　　其中，4/5 作为学习数据集，1/5 作为实验数据集保存。使用命令 sample()，可在 1 ~ 60 的数值中随机选择 48 个。其结果将保存在变量 idex2 中。

```
> idex2 <- sample(nrow(ToothGrowth),nrow(ToothGrowth)*4/5)
> idex2
 [1] 21 52 53 57  6 55 33 36 48 12 14 37 43 41 38 46 54 29 60
[20]  1 49 51 56 13 34 30  4 15 32 16 31 39 45  2 10 26  9 50
[39] 42 58 11 40 18 17 59  3 20  7
```

　　sample(nrow(ToothGrowth),nrow(ToothGrowth)*4/5) 中，第一个 nrow(ToothGrowth) 表示从 1 到 nrow(ToothGrowth)（=60）之间的值中用均匀随机数选择整数值，第 2 个 nrow(ToothGrowth)*4/5（=48）表示选择了 48 个数值。

　　输入以下内容可将原保存在变量 idex2 中的数值数据保存到学习数据集 ToothGrowth.train.data 中。

```
> ToothGrowth.train.data <- ToothGrowth[idex2,]
> nrow(ToothGrowth.train.data)
[1] 48
> head(ToothGrowth.train.data)
    len supp dose
21 23.6   VC  2.0
52 26.4   OJ  2.0
53 22.4   OJ  2.0
57 26.4   OJ  2.0
6  10.0   VC  0.5
55 24.8   OJ  2.0
```

　　其中 ToothGrowth[idex2,] 表示将保存在 idex2 中的整数值作为编号数据使用。可以看出，这里记录了 60 个数据中占 4/5 的 48 个数据。

　　输入以下内容可将未保存在学习数据集 ToothGrowth.train.data 中的数据保存到实验数据集 ToothGrowth.test.data 中。

```
> ToothGrowth.test.data <- ToothGrowth[-idex2,]
> nrow(ToothGrowth.test.data)
[1] 12
> head(ToothGrowth.test.data)
    len supp dose
5    6.4   VC  0.5
8   11.2   VC  0.5
19  18.8   VC  1.0
22  18.5   VC  2.0
23  33.9   VC  2.0
24  25.5   VC  2.0
```

其中 ToothGrowth[-idex2,] 表示除去原保存在 idex2 中作为编号的整数值以外的数值数据。

请对 2 个数据集进行以下操作。

① 使用学习数据，将 len 作为目标变量，其他的 2 个变量作为说明变量，确定回归方程。

② 使用实验数据进行回归分析。

支持向量机
（SVM）

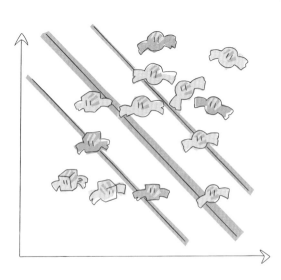

8.1 ◆ 何谓支持向量机

支持向量机（support vector machine，SVM）是一种基于教师学习的图像识别模型，广泛应用于判别分析和回归分析中。

◆ 1. 识别平面与边距

如图 8.1 所示，考虑将多个数据分为绿色和红色群组。此时，需要在区分 2 个群组的识别平面的两侧选取间隔边界。SVM 为了将不同类别的间隔边界最大化进行了分类。

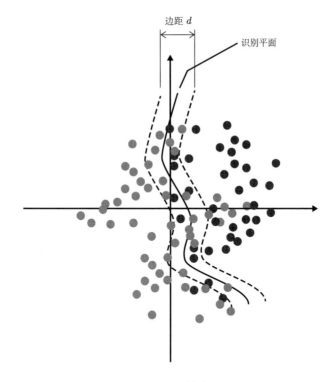

图 8.1　用 SVM 判别数据

各个样本到识别平面的距离如式（8.1）所示：

$$d_i = -\frac{\boldsymbol{a} \cdot \boldsymbol{x}_i + b}{\|\boldsymbol{a}\|} \tag{8.1}$$

其中 $\boldsymbol{x}_i$ 表示说明变量，$\boldsymbol{a},b$ 表示所给识别平面的一次方程式的系数。所以，要让距离的最小值最大化，需要确定平面，即

$$\max_{\boldsymbol{a},b}\min_{i} \frac{|\boldsymbol{a} \cdot \boldsymbol{x}_i + b|}{\|\boldsymbol{a}\|} \tag{8.2}$$

式（8.2）和式（8.3）是等价的：

$$\min_{\boldsymbol{a},b} \|\boldsymbol{a}\| \tag{8.3}$$

但是

$$y(\boldsymbol{a} \cdot \boldsymbol{x}_i + b) \geqslant 1 \tag{8.4}$$

在这里

$$\max_{\boldsymbol{a},b}\min_{i} \frac{|\boldsymbol{a} \cdot \boldsymbol{x}_i + b|}{\|a\|} = \max_{\boldsymbol{a},b} \frac{1}{\|a\|} \quad \leftrightarrow \quad \min_{\boldsymbol{a},b} \|a\| \tag{8.5}$$

通过解出式（8.3）和式（8.4）中定义的问题来确定识别平面的情况称为硬边距。但像图 8.1 中那样，当样本点混杂在识别平面附近时，就无法使用硬边距顺利分离。因此需要放宽以上问题的限制条件，这种情况下，需要将以下目标函数最小化。

$$\min \frac{1}{2} \|\boldsymbol{a}\|^2 \tag{8.6}$$

但是

$$r(\boldsymbol{x}) = \max(1 - y(\boldsymbol{a} \cdot \boldsymbol{x}_i + b), 0) \tag{8.7}$$

像这样有确定内容的称为软边距。

◆ 2. 转换数据变量

将数据 $\boldsymbol{x}_i$ 变换为高维空间的函数设为 $\phi(\boldsymbol{x}_i)$，需要使用 $\phi(\boldsymbol{x}_i)$ 代替 $\boldsymbol{x}_i$ 作为

近似函数，即

$$y \simeq a^{\mathrm{T}} \phi(\boldsymbol{x}_i) \tag{8.8}$$

为了使用最小二乘法推断式（8.8）的参数，需要解出式（8.9）：

$$\min \sum_i (y_i - a^{\mathrm{T}} \phi(\boldsymbol{x}_i))^2 \to a \tag{8.9}$$

不过，如果使用式（8.9）确定参数，有时会发生过学习的情况。

过学习是指虽然在学习数据中展示出了良好的预测性能，但对未知的实验数据的预测性能却不充分。

因此，为了避免过学习，要给式（8.9）添加限制条件，从而确定参数。加入拉格朗日系数 λ 后可得出以下式子：

$$\min \sum_i (y_i - a^{\mathrm{T}} \phi(\boldsymbol{x}_i))^2 + \lambda a^{\mathrm{T}} a \to a \tag{8.10}$$

◆ 3. 内核法

式（8.8）使用了 $\phi(\boldsymbol{x}_i)$ 来定义回归方程。对此，在内核法中可以用下式中得出的内核函数。

$$k(\boldsymbol{x}, \boldsymbol{x}') = \phi(\boldsymbol{x})^{\mathrm{T}} \phi(\boldsymbol{x}') \tag{8.11}$$

得出近似的回归方程，即

$$y_i = \sum_{i=1}^{n} k(\boldsymbol{x}, \boldsymbol{x}_i) \beta_i \tag{8.12}$$

可使用的内核函数有以下几种。

- 线性内核

$$k(\boldsymbol{x}, \boldsymbol{x}') = \boldsymbol{x}^{\mathrm{T}} \boldsymbol{x}' \tag{8.13}$$

- 多项式内核

$$k(\boldsymbol{x}, \boldsymbol{x}') = (1 + \boldsymbol{x}^{\mathrm{T}} \boldsymbol{x}')^D, \quad D = 1, 2, 3, \cdots \tag{8.14}$$

- 高斯内核

$$k(\boldsymbol{x}, \boldsymbol{x}') = \exp\{-\sigma \|\boldsymbol{x} - \boldsymbol{x}'\|^2\}, \quad \sigma > 0 \tag{8.15}$$

这里虽然是以判别分析为例进行了说明，但同样的公式也可以应用到回归分析中。

8.2 ◆ 例题 1——使用支持向量机对 AND 电路进行判别分析

◆ **1. 准备学习数据**

练习题：定义构成 AND 电路的神经元。AND 电路中 2 是输入、1 是输出。假设输入为 x_1，x_2，输出为 y，则 AND 电路内容如下所示。

x_1	x_2	y
1	1	1
1	0	0
0	1	0
0	0	0

准备好 SVM 的学习数据。定义变量 x_1，x_2, y，将其整理为数据 svm.data。

```
> x1 <- c(1,1,0,0)
> x2 <- c(1,0,1,0)
> y <- c(1,0,0,0)
> svm.data <- data.frame(x1,x2,y)
> svm.data
  x1 x2 y
1  1  1 1
2  1  0 0
3  0  1 0
4  0  0 0
```

◆ **2. SVM 程序库安装**

要安装软件包 kernlab，需要输入以下内容：

```
> install.packages("kernlab")
```

然后，输入以下内容读取程序库 kernlab。

```
> library(kernlab)
```

◆ 3. 基于 SVM 的判别式学习

要用 SVM 学习判别式，需要使用命令 ksvm()。针对判别分析和回归分析，ksvm() 提供了多种方法。这里使用的方法是判别分析中的 C-svc。

```
> svm.res <- ksvm(y~., data=svm.data, type="C-svc")
> svm.res
Support Vector Machine object of class "ksvm"

SV type: C-svc  (classification)
 parameter : cost C = 1

Gaussian Radial Basis kernel function.
 Hyperparameter : sigma =  0.333333333333333

Number of Support Vectors : 3

Objective Function Value : -1.584
Training error : 0.25
```

ksvm(y~.,data=svm.data, type="C-svc") 中的 y~. 表示使用其他所有变量来定义变量 y 的判别式；data=svm.data 表示变量包含在数据 svm.data 中；type="C-svc" 表示指定使用的方法是判别分析法。

若要改变分析用的基函数，只需指定变量 kernel 即可。另外，将 type 变更为 nu-svc 后，会出现以下内容。

```
> svm.res <- ksvm(y~., data=svm.data, kernel="rbfdot", type="nu-s
vc")
> svm.res
Support Vector Machine object of class "ksvm"

SV type: nu-svc  (classification)
 parameter : nu = 0.2

Gaussian Radial Basis kernel function.
 Hyperparameter : sigma =  0.333333333333333

Number of Support Vectors : 3

Objective Function Value : 2.4041
Training error : 0
```

要显示学习结果，需要使用命令 summary()。

```
> summary(svm.res)
Length  Class    Mode
     1  ksvm       S4
```

❖ 4. 判别实验数据

准备实验数据。将变量 x_1，x_2 定义为数据 svm.data2。

```
> x1 <- c(0.5,0.5,1.5,1.5)
> x2 <- c(0.5,1.5,0.5,1.5)
> svm.data2 <- data.frame(x1,x2)
> svm.data2
    x1  x2
1 0.5 0.5
2 0.5 1.5
3 1.5 0.5
4 1.5 1.5
```

使用命令 predict() 对需要判别的样本数据进行判别。

```
> svm.res2 <- predict(svm.res, svm.data2)
> svm.res2
[1] 0 1 1 1
```

其中 predict(svm.res, svm.data2) 中的 svm.res 表示用已学习的判别式对数据 svm.data2 进行判别。

❖ 5. 数据显示

学习数据中判别为真的数据（大于 0.5）用蓝色显示，判别为假的数据（小于 0.5）用红色显示。判别数据中判别为真的数据（大于 0.5）用绿色显示，判别为假的数据（小于 0.5）用黄色显示。因此，需要输入以下内容。

```
> plot(svm.data$x1,svm.data$x2,col=ifelse(svm.data$y>0.5,"blue","
red"),xlim=c(0,2),ylim=c(0,2),xlab="x coordinate",ylab="y coordin
ate")
> par(new=T)
> plot(svm.data2$x1,svm.data2$x2,col=ifelse(svm.res2>0.5,"green",
"yellow"),xlim=c(0,2),ylim=c(0,2),xlab="",ylab="")
```

第 1 行，学习数据中判别为真的数据（大于 0.5）显示为蓝色，判别为假的数据（小于 0.5）则显示为红色。具体来讲，是以 svm.data$x1 为横轴，svm.data$x2 为纵轴进行图表绘制。col 是图表的颜色，如 ifelse(svm.data$y>0.5, "blue","red") 所示，svm.data$y 的值大于 0.5 时显示为蓝色（"blue"），否则显示为红色（"red"）。xlim=c(0,2) 表示横轴上的范围是 0 ~ 2，ylim=c(0,2) 表示纵轴上的范围是 0 ~ 2。xlab="x coordinate" 和 ylab="y coordinate" 分别定义为横轴与纵轴的标签。

第 2 行的 par(new=T) 是指在重新绘制时，不会消除之前的图表。

最后一行，判别数据中判别为真的数据（大于 0.5）显示为绿色，判别为假的数据（小于 0.5）则显示为黄色。具体来讲，是以 svm.data2$x1 为横轴，svm.data2$x2 为纵轴绘制图表。col 是指图表的颜色，如 ifelse(svm.res2>0.5, "green","yellow") 所示，svm.res2 的值大于 0.5 时显示为绿色（"green"），否则显示为黄色（"yellow"）。xlim=c(0,2) 表示横轴上的范围是 0 ~ 2，ylim=c(0,2) 表示纵轴上的范围是 0 ~ 2。axes=F 表示不显示图表轴。xlab="" 和 ylab="" 分别表示不显示横轴与纵轴的标签。

实际显示内容如图 8.2 所示。

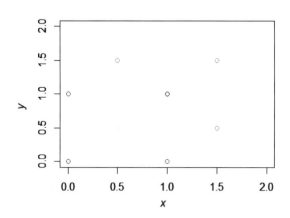

图 8.2　学习数据和实验数据图表

8.3 ◆ 例题 2——使用支持向量机对数据进行回归分析

◆ 1. 问题设定

目标变量 y 和说明变量 x_1，x_2 分别给出以下数据。

$$x_1 = \{38.78, 145.05, 152.69, 160.11, 165.37, 168.61\} \quad (8.16)$$

$$x_2 = \{33.54, 37.92, 43.52, 49.04, 53.41, 59.24\} \quad (8.17)$$

$$y = \{0.35, 8.88, 8.48, 7.92, 7.53, 7.56\} \quad (8.18)$$

将目标变量 y 和说明变量 x_1，x_2 定义为向量数据。

```
> x1 <- c(38.78 , 145.05, 152.69 , 160.11 , 165.37 , 168.61)
> x2 <- c(33.54 , 37.92 , 43.52 , 49.04 , 53.41 , 59.24)
> y <- c(.35 , 8.88 , 8.48 , 7.92 , 7.53 , 7.56)
```

使用命令 data.frame()，将 3 个变量数据整理为变量 ra.data。

```
> ra.data <- data.frame(x1,x2,y)
> ra.data
      x1    x2    y
1  38.78 33.54 0.35
2 145.05 37.92 8.88
3 152.69 43.52 8.48
4 160.11 49.04 7.92
5 165.37 53.41 7.53
6 168.61 59.24 7.56
```

◆ 2. 确定回归方程

用神经网络对目标变量 y 和说明变量 x_1，x_2 进行回归分析，需要使用命令 ksvm() 输入以下内容。

```
> svm.ra.res <- ksvm(y~., data=ra.data)
> svm.ra.res
Support Vector Machine object of class "ksvm"

SV type: eps-svr  (regression)
 parameter : epsilon = 0.1  cost C = 1

Gaussian Radial Basis kernel function.
 Hyperparameter : sigma =  0.210758314293197

Number of Support Vectors : 2

Objective Function Value : -1.8313
Training error : 0.264483
```

其中 $y\sim.$ 表示用其他所有变量定义 y 的回归方程。此外，data=ra.data 表示 x_1、x_2、y 是数据 ra.data 的分量。

要显示由命令 ksvm() 得出的分析结果，需要使用命令 summary()。

```
> summary(svm.ra.res)
Length  Class   Mode
     1  ksvm    S4
```

若需要改变判别分析方法，可用 type 指定。

```
> svm.ra.res <- ksvm(y~., data=ra.data, type="nu-svr")
> svm.ra.res
Support Vector Machine object of class "ksvm"

SV type: nu-svr  (regression)
 parameter : epsilon = 0.1  nu = 0.2

Gaussian Radial Basis kernel function.
 Hyperparameter : sigma =  0.313446289749868

Number of Support Vectors : 2

Objective Function Value : -1.3206
Training error : 0.610253
```

当截距为 0 进行分析时，需要输入以下内容。

```
> svm.ra.res <- ksvm(y~.-1, data=ra.data)
> svm.ra.res
Support Vector Machine object of class "ksvm"

SV type: eps-svr  (regression)
 parameter : epsilon = 0.1  cost C = 1

Gaussian Radial Basis kernel function.
 Hyperparameter : sigma =  1.587829144604

Number of Support Vectors : 5

Objective Function Value : -1.5878
Training error : 0.156555
```

◆ 3. 计算预测值

要根据 SVM 中所得的回归方程来计算学习数据 x_1，x_2，需要使用命令 predict()。

```
> svm.ra.predict <- predict(svm.ra.res)
> svm.ra.predict
              [,1]
[1,] -0.1301835
[2,]  0.4381966
[3,]  0.4296057
[4,]  0.3866096
[5,]  0.3324845
[6,]  0.2414829
> data.frame(ra.data,svm.ra.predict)
      x1    x2    y svm.ra.predict
1  38.78 33.54 0.35    -0.1301835
2 145.05 37.92 8.88     0.4381966
3 152.69 43.52 8.48     0.4296057
4 160.11 49.04 7.92     0.3866096
5 165.37 53.41 7.53     0.3324845
6 168.61 59.24 7.56     0.2414829
```

现在需要求取学习数据以外的点的数值。以下内容给出了回归方程中要计算的数值点。

$$x_1 = \{150, 160, 170\} \tag{8.19}$$
$$x_2 = \{35, 40, 50\} \tag{8.20}$$

将以上数值整理为数据 ra.data2。

```
> x1 <- c(150,160,170)
> x2 <- c(35,40,50)
> ra.data2 <- data.frame(x1,x2)
> ra.data2
    x1 x2
1 150 35
2 160 40
3 170 50
```

使用命令 predict() 计算数值。

```
> svm.ra.predict2 <- predict(svm.ra.res, ra.data2)
> svm.ra.predict2
          [,1]
[1,] 8.271521
[2,] 8.323429
[3,] 8.048736
```

8.4 ◆ 测试题——使用支持向量机进行判别分析和回归分析

8.4.1　使用数据集 iris 进行判别分析

本例使用安装在 R 中的 Fisher 和 Anderson 的鸢尾花卉数据集 iris。第 7 章针对相同的问题，用 3 层构造的多层感知器模型做了实验。下面使用支持向量机解决同样的问题。

```
> data(iris)
> head(iris)
  Sepal.Length Sepal.Width Petal.Length Petal.Width Species
1          5.1         3.5          1.4         0.2  setosa
2          4.9         3.0          1.4         0.2  setosa
3          4.7         3.2          1.3         0.2  setosa
4          4.6         3.1          1.5         0.2  setosa
5          5.0         3.6          1.4         0.2  setosa
6          5.4         3.9          1.7         0.4  setosa
```

① 使用支持向量机确定学习数据的判别函数，以 Species 为目标变量，其他 4 个变量为说明变量。

② 使用判别函数对实验数据进行判别。

8.4.2 使用数据集 ToothGrowth 进行回归分析

下面使用安装在 R 中的数据集 ToothGrowth。第 7 章针对相同的问题，用 3 层构造的多层感知器模型做了实验。下面使用支持向量机解决同样的问题。

```
> data(ToothGrowth)
> head(ToothGrowth)
   len supp dose
1  4.2   VC  0.5
2 11.5   VC  0.5
3  7.3   VC  0.5
4  5.8   VC  0.5
5  6.4   VC  0.5
6 10.0   VC  0.5
```

① 使用支持向量机确定学习数据的回归函数，以 len 为目标变量，其他变量为说明变量。

② 使用回归函数对实验数据进行判别。

第 **9** 章

贝叶斯估计

9.1 ◆ 朴素贝叶斯分类器

◆ 1. 贝叶斯定理

将事件 A 发生的概率（事前概率）设为 $P(A)$，事件 A 发生后事件 B 发生的概率（事后概率）设为 $P(B \mid A)$。两者关系如图 9.1 所示。

此时贝叶斯定理公式如下：

$$P(A, B) = P(B \mid A)P(A) = P(A \mid B)P(B) \tag{9.1}$$

$$P(B \mid A) = \frac{P(A \mid B)}{P(A)}P(B) \tag{9.2}$$

式（9.2）右边的 $P(B)$ 是事件 B 的发生概率，左边的 $P(B \mid A)$ 是事件 A 发生后事件 B 的发生概率。也就是说，式（9.2）通过增加事件 A 的发生概率就可以改善事件 B 的发生概率。

$$P(B \mid A)$$

图 9.1　事件 A 与事件 B 的关系

概率变量的取值如果是真假、Yes/No 这两种值时，则概率变量如下所示：

$$A = \{A, \bar{A}\}, B = \{B, \bar{B}\} \tag{9.3}$$

其中 $\bar{A}$ 表示 A 的否定。

这种情况下，贝叶斯定理的公式如下所示：

$$P(B \mid A) = \frac{P(A \mid B)}{P(A)} P(B) = \frac{P(A \mid B)}{P(A \mid B)P(B) + P(A \mid \bar{B})P(\bar{B})} P(B) \quad (9.4)$$

当概率变量的取值有多个时，即

$$A = \{A_1, A_2, \cdots, A_M\}, \quad B = \{B_1, B_2, \cdots, B_N\} \quad (9.5)$$

在这种情况下，贝叶斯定理的公式如下所示。

$$P(B_i \mid A_j) = \frac{P(A_j \mid B_i)}{P(A_j)} P(B_i) = \frac{P(A_j \mid B_i)}{\sum^k P(A_j \mid B_k)P(B_k)} P(B_i) \quad (9.6)$$

◆ 2. 朴素（简单）贝叶斯分类器

为了表现概率变量间的条件因果关系，将概率变量作为节点，用箭头连接来表现概率变量间的条件因果关系。此时，将原因定义为父节点，结果定义为子节点，从父节点到子节点用直线箭头来表示，如图 9.2 所示。

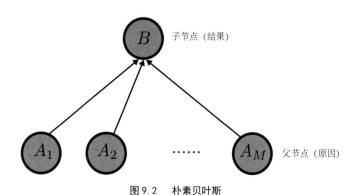

图 9.2   朴素贝叶斯

这种情况下，贝叶斯定理的公式如式（9.7）所示：

$$P(B \mid A_1, A_2, \cdots, A_M) = \frac{P(A_1, A_2, \cdots, A_M \mid B)}{P(A_1, A_2, \cdots, A_M)} P(B) \quad (9.7)$$

朴素贝叶斯分类器的判断标准可从式（9.7）的右边开始按照式（9.8）给出：

$$NB(A_1, A_2, \cdots, A_M) = \arg \max_B \prod_{i=1}^{M} P(A_i \mid B)P(B) \qquad (9.8)$$

根据事件 B 可能得到所有取值的情况下求取该值，选择概率最高的事件。

9.2 ◆ 例题——对车辆是否被盗进行贝叶斯分析

◆ 1. 问题设定

根据车辆数据确定出车辆是否被盗的判别式，并推断其他车辆被盗的概率。车辆是否被盗列表如表 9.1 所示。请根据此列表定义出车辆是否会被盗的判别式，并推断红色国产 SUV 是否会被盗。

表 9.1　车辆列表

被盗	颜色	车型	国产 / 进口
Yes	红	跑车	国产
No	红	跑车	国产
Yes	红	跑车	国产
No	黄	跑车	国产
Yes	红	跑车	进口
No	黄	SUV	进口
Yes	黄	SUV	进口
No	黄	SUV	国产
Yes	红	SUV	进口
Yes	红	跑车	进口

◆ 2. 根据朴素贝叶斯分类推断

概率变量定义如下：设概率变量分别为 A_1，A_2，A_3，B，它们分别代表汽车的颜色、车型、国产 / 进口、是否被盗，即

$$A_1 = \{A_1, \bar{A}_1\} = \{\, 红，黄 \,\}$$
$$A_2 = \{A_2, \bar{A}_2\} = \{\, 跑车, \text{SUV}\}$$
$$A_3 = \{A_3, \bar{A}_3\} = \{\, 国产，进口 \,\}$$
$$B = \{B, \bar{B}\} = \{\, 被盗，不被盗 \,\}$$

为了进行判别，定义朴素贝叶斯关系，如图 9.3 所示。

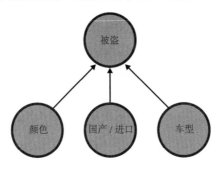

图 9.3   朴素贝叶斯关系

条件概率 $P(A_i \mid B)$ 可根据 B 值求取 A_i 的概率。各自的概率变量值按照表 9.2 中的内容可进行计算。

表 9.2   概率变量值

$P(A_1 \mid B)$	红 A_1	黄 $\bar{A}_1$
被盗 B	5/6	1/6
不被盗 $\bar{B}$	1/4	3/4

$P(A_2 \mid B)$	运动 A_2	SUV $\bar{A}_2$
被盗 B	4/6	2/6
不被盗 $\bar{B}$	2/4	2/4

$P(A_3 \mid B)$	国产 A_3	进口 $\bar{A}_3$
被盗 B	2/6	4/6
不被盗 $\bar{B}$	3/4	1/4

根据表 9.2 中的数据计算红色国产 SUV 被盗的概率和不被盗的概率，可以按照以下内容进行计算。

● 被盗概率

$$P(B \mid A_1, \bar{A}_2, A_3) = P(A_1 \mid B)P(\bar{A}_2 \mid B)P(A_3 \mid B)P(B)$$

$$= \frac{5}{6}\frac{2}{6}\frac{2}{6}\frac{6}{10} \approx 0.0556 \tag{9.9}$$

● 不被盗概率

$$P(\bar{B} \mid A_1, \bar{A}_2, A_3) = P(A_1 \mid \bar{B})P(\bar{A}_2 \mid \bar{B})P(A_3 \mid \bar{B})P(\bar{B})$$

$$= \frac{1}{4}\frac{2}{4}\frac{3}{4}\frac{4}{10} = 0.0375 \tag{9.10}$$

根据以上数据判定结果为被盗。

◆ 3. 用 R 实现

概率变量中，可将是否被盗、颜色、车型、国产 / 进口数据分别定义为 state、col、type、import。将变量 state 作为目标变量，其他的作为说明变量，说明变量根据虚拟变量来定义。

$$\text{state} = \{ \text{被盗}, \text{不被盗} \} = \{y, n\}$$
$$\text{col} = \{ \text{红}, \text{黄} \} = \{1, 2\}$$
$$\text{type} = \{ \text{跑车}, \text{SUV} \} = \{1, 2\}$$
$$\text{import} = \{ \text{进口}, \text{国产} \} = \{1, 2\}$$

```
> state <- c("y","n","y","n","y","n","y","n","y","y")
> col <- c(1,1,1,2,1,2,2,2,1,1)
> type <- c(1,1,1,1,1,2,2,2,2,1)
> import <- c(2,2,2,2,1,1,1,2,1,1)
```

```
> nb.data <- data.frame(state,col,type,import)
> nb.data
   state col type import
1      y   1    1      2
2      n   1    1      2
3      y   1    1      2
4      n   2    1      2
5      y   1    1      1
6      n   2    2      1
7      y   2    2      1
8      n   2    2      2
9      y   1    2      1
10     y   1    1      1
```

要使用程序库 e1071，首先需要安装软件包 e1071。

```
> install.packages("e1071")
```

接着，输入以下内容加载程序库。

```
> library(e1071)
```

根据命令 naiveBayes() 写出预测公式。

```
> nb.res <- naiveBayes(state~., data=nb.data)
```

其中 state~. 表示将变量 state 作为目标变量，用其他的所有变量确定判别式。此外，将 data=nb.data 定义为数据集。

如果想要对任意数据进行判别就需要准备判别数据。

```
> nb.data2 <- data.frame(col=c(1),type=c(2),import=c(2))
> nb.data2
  col type import
1  1   2      2
```

定义变量 col、type、import，并分别代入 1（红），2（SUV），2（国产）数值。要判别以上数据需要使用命令 predict()。

```
> nb.res2 <- predict(nb.res,nb.data2)
> nb.res2
[1] y
Levels: n y
```

其中 predict(nb.res,nb.data2) 表示把在 nb.res 中确定的判别式用在数据 nb.data2 中。

9.3 ◆ 测试题 —— 对 iris 数据集进行贝叶斯分析

请使用安装在 R 中的 Fisher 和 Anderson 的鸢尾花卉数据集 iris，用朴素贝叶斯分类器解决以下问题。

```
> data(iris)
> head(iris)
  Sepal.Length Sepal.Width Petal.Length Petal.Width Species
1          5.1         3.5          1.4         0.2 setosa
2          4.9         3.0          1.4         0.2 setosa
3          4.7         3.2          1.3         0.2 setosa
4          4.6         3.1          1.5         0.2 setosa
5          5.0         3.6          1.4         0.2 setosa
6          5.4         3.9          1.7         0.4 setosa
```

① 以 Species 为目标变量，其他的 4 个变量为说明变量，确定学习数据的判别函数。

② 使用判别函数判别实验数据。

## 第 10 章

自组织映射网络

10.1 ◆ 何谓自组织映射网络

自组织映射（self-organizing map，SOM）是神经网络的一种，它可以给大脑皮层的视觉区建立模型。由于使用多维数据映射到任意维度，一旦使用，可以让多维数据可视化，因此常用于聚类分析中。自组织映射网络由输入层和输出层（映射层）两层组成，通过无教师学习（无监督学习）可以将多维输入数据映射到任意维度，如图 10.1 所示。最基本的使用方法是把多维数据映射到二维图上，这样相似数据在二维图上就会被布置得很近。

二维自组织映射网络的算法如下。

① 定义二维映射网络。这里把网格点称为节点。
② 给节点的加权系数一个随机值。
③ 计算输入数据和所有节点的非相似度。
④ 寻找非相似度最小的神经元，即胜者神经元。
⑤ 修改胜者神经元的权重。
⑥ 修改附近胜者神经元（附近神经元）的权重。
⑦ 重复以上操作。

附近神经元所取的范围最开始要大一些，然后慢慢将范围缩小。

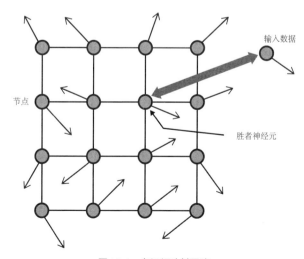

图 10.1　自组织映射网络

10.2 ◆ 例题——使用自组织映射实现 数据分类

对表 10.1 中的数据进行分类，健康和疾病分别用数字 1 和 0 来表示。同时，把健康 / 疾病、血压、吸烟根数分别定义为变量 x_1，x_2，x_3。

表 10.1　例题

健康 / 疾病	血压	吸烟根数 / 天
健康	80	5
健康	60	3
疾病	160	8
疾病	140	6
健康	90	4
健康	60	6
疾病	180	7
疾病	150	6
健康	70	5
健康	130	3
疾病	200	7
疾病	170	9

```
> x1 <- c(1,1,0,0,1,1,0,0,1,1,0,0)
> x2 <- c(80,60,160,140,90,40,180,150,70,130,200,170)
> x3 <- c(5,3,8,6,4,6,7,6,5,3,7,9)
> som.data <- data.frame(x1,x2,x3)
> som.data
   x1  x2 x3
1   1  80  5
2   1  60  3
3   0 160  8
4   0 140  6
5   1  90  4
6   1  40  6
7   0 180  7
8   0 150  6
9   1  70  5
10  1 130  3
11  0 200  7
12  0 170  9
```

输入以下内容导入软件包 kohonen。

```
> install.packages("kohonen")
```

输入以下内容读取程序库 kohonen。

```
> library(kohonen)
```

要定义 3 行 3 列的六角网格图需要使用命令 somgrid()。变量 xdim 和 ydim 分别表示格子的纵横数。此外，变量 topo 决定了格子的形状。可以从六角格子（hexagonal）和长方形格子（rectangular）中选择。

```
> som.grid <- somgrid(xdim=3,ydim=3,topo="hexagonal")
```

让数据 som.data 在六角网格图中学习。

```
> som.res <- som(as.matrix(som.data),som.grid)
```

命令 as.matrix() 是指将这些数据转换为二维数据（矩阵型）。

使用命令 plot() 显示结果，如图 10.2 所示。

```
> plot(som.res)
```

Codes plot

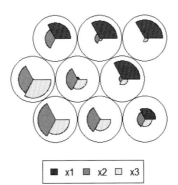

图 10.2　代码映射图

10.3 ◆ 测试题——对 iris 数据集生成网格图并进行特征分析

作为 R 中数据集的一种，鸢尾花卉数据集 iris 分为 3 种鸢尾，其中收集了萼片（Sepal）和花瓣（Petal）的长度和宽度。记录的数据变量中有萼片的长度 Sepal.Length、萼片的宽度 Sepal.Width、花瓣的长度 Petal.Length、花瓣的宽度 Petal.Width 以及品种 Species。

要运用数据集 iris，需要使用命令 data()。

```
> data(iris)
> head(iris)
  Sepal.Length Sepal.Width Petal.Length Petal.Width Species
1          5.1         3.5          1.4         0.2  setosa
2          4.9         3.0          1.4         0.2  setosa
3          4.7         3.2          1.3         0.2  setosa
4          4.6         3.1          1.5         0.2  setosa
5          5.0         3.6          1.4         0.2  setosa
6          5.4         3.9          1.7         0.4  setosa
```

请根据定量变量 Sepal.Length、Sepal.Width、Petal.Length 和 Petal.Width，将鸢尾分别显示为 6 行 6 列的六角形网格，并对鸢尾的每个品种特征进行讨论。

## 第11章

决策树

11.1 ◆ 决策树与随机森林

决策树（decision tree）是教师学习（监督学习）的一种，用于管理和决策等。将教师数据进行逐步分割，最终分类到被称为决策树的树模型中。树模型的例子如图 11.1 所示，节点对应分割函数，分枝对应输出结果。在用树模型对现象进行要因分析的同时，也可以用树模型的分类结果进行预测和推算。用于数值推算的叫作回归树，用于判别分析的叫作分类树。

随机森林是运用多个决策树对问题进行预测，一般在分类问题中会采用多数表决，在回归问题中采用平均值作为预测值。随机采用多棵树便是随机森林名称的由来。

由于多个决策树不易形成相同的结构，所以它的特征是不容易发生决策树中常见的过度学习的状况。此外，它还可以评价说明变量对目标变量的影响程度。

① 用自举法创建 n 组样本。

② 从样本中创建决策树。

③ 在分类问题中采用多数表决，在回归问题中采用平均值作为预测值。

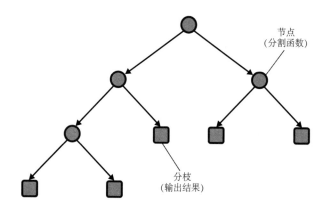

图 11.1   决策树的例子

11.2 ◆ 例题 1——使用决策树 AND 电路进行判别分析

◆ **1. 准备学习数据**

以下为习题说明：定义构成 AND 电路的神经元。AND 电路中 2 是输入、1 是输出。假设输入为 x_1, x_2，输出为 y，则 AND 电路内容如下所示。

x_1	x_2	y
1	1	1
1	0	0
0	1	0
0	0	0

准备学习数据。定义变量 x_1, x_2, y，将其整理为数据 rf.data。

```
> x1 <- c(1,1,0,0)
> x2 <- c(1,0,1,0)
> y <- c(1,0,0,0)
> y <- as.factor(y)
> rf.data <- data.frame(x1,x2,y)
> rf.data
  x1 x2 y
1  1  1 1
2  1  0 0
3  0  1 0
4  0  0 0
```

这里需要对命令 as.factor() 稍作说明。本例中虽然目标变量 y 是数值（整数值 0 或 1），但实际要做判别分析。如果目标变量 y 保持为数值型的变量，那么命令 randomForest() 将不再进行判别分析，而是进行回归分析。因此，使用了命令 as.factor()。也就是说，y<-as.factor(y) 是将数值型变量 y 转换为 factor 型变量，然后再将其代入变量 y 中。

变量类型可以使用命令 class() 确认。

```
> class(x1)
[1] "numeric"
> class(y)
[1] "factor"
```

◆ 2. 安装程序库 randomForest

输入以下内容安装软件包 randomForest。

```
> install.packages("randomForest")
```

输入以下内容读取 randomForest 程序库。

```
> library("randomForest")
```

◆ 3. 通过随机森林学习判别式

学习判别式需要使用命令 randomForest()。

```
> rf.res <- randomForest(y~., data=rf.data)
> rf.res

Call:
 randomForest(formula = y ~ ., data = rf.data)
               Type of random forest: classification
                     Number of trees: 500
No. of variables tried at each split: 1

        OOB estimate of  error rate: 66.67%
Confusion matrix:
  0 1 class.error
0 1 2   0.6666667
1 0 0         NaN
```

其中 $y\sim.$ 表示用其他所有的变量定义变量 y 的判别式。data=rf.data 表示变量包含在数据 rf.data 中。

◆ 4. 判别实验数据

准备需要判别的实验数据。这里将变量 x_1，x_2 定义为数据 rf.data2。

```
> x1 <- c(0.5,0.5,1.2,1.2)
> x2 <- c(0.5,1.2,0.5,1.2)
> rf.data2 <- data.frame(x1,x2)
> rf.data2
   x1  x2
1 0.5 0.5
2 0.5 1.2
3 1.2 0.5
4 1.2 1.2
```

使用命令 predict() 判别实验数据。

```
> rf.res2 <- predict(rf.res, rf.data2)
> rf.res2
1 2 3 4
0 0 0 1
Levels: 0 1
```

其中 predict(rf.res, rf.data2) 中的 rf.res 表示用学习完的判别式
对数据 rf.data2 进行判别。

◆ 5. 显示数据

学习数据中，判别为 $y = 0$ 的数据显示为黑色，判别为 $y = 1$ 的数据则显示为
红色。判别数据中，判别为 $y = 0$ 的数据显示为绿色，判别为 $y = 1$ 的数据则显示
为黄色。因此，需要输入以下内容。

```
> plot(rf.data$x1,rf.data$x2,col=as.numeric(rf.data$y),xlim=c(0,2
),ylim=c(0,2),xlab = "x coordinate",ylab="y coordinate")
> par(new=T)
> plot(rf.data2$x1,rf.data2$x2,col=as.numeric(rf.res2)+2,xlim=c(0
,2),ylim=c(0,2),xlab = "",ylab="")
```

以上学习数据中判别为真的数据（as.numeric(rf.data$y)=2）显示为红
色，判别为假的数据（as.numeric(rf.data$y)=1）则显示为黑色。此外，在
判别数据中判别为真的数据（as.numeric(rf.res2)=2）显示为蓝色，判别为
假的数据（as.numeric(rf.res2)=1）则显示为绿色。

第 1 行是指以 rf.data$x1 为横轴，rf.data$x2 为纵轴绘制图表。此时，学
习数据中判别为 $y = 0$ 的数据（as.numeric(rf.data$y)=1）显示为黑色，判别为 $y = 1$
的数据（as.numeric(rf.data$y)=2）则显示为红色。xlim=c(0,2) 表示横轴上的
范围是 0 ~ 2，ylim=c(0,2) 表示纵轴上的范围是 0 ~ 2。xlab="x coordinate"
和 ylab="y coordinate" 分别定义为横轴与纵轴的标签。

第 2 行的 par(new=T) 是指在重新画图时，不会消除之前的图表。

最后一行是指以 rf.data2$x1 为横轴，rf.data2$x2 为纵轴描绘图表。此时，
判别数据中判别为真的数据（as.numeric(rf.res2)=2）显示为蓝色，判别为假
的数据（as.numeric(rf.res2)=1）则显示为绿色。

实际显示内容如图 11.2 所示。

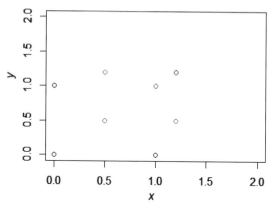

图 11.2　实验数据和学习数据图表

11.3 ◆ 例题 2——使用决策树对数据进行回归分析

◆ 1. 问题设定

在本例中，目标变量 y 和说明变量 x_1，x_2 分别给出以下数据。

$$x_1 = \{38.78, 145.05, 152.69, 160.11, 165.37, 168.61\} \tag{11.1}$$

$$x_2 = \{33.54, 37.92, 43.52, 49.04, 53.41, 59.24\} \tag{11.2}$$

$$y = \{0.35, 8.88, 8.48, 7.92, 7.53, 7.56\} \tag{11.3}$$

将目标变量 y 和说明变量 x_1，x_2 定义为向量数据。

```
> x1 <- c(38.78 , 145.05, 152.69 , 160.11 , 165.37 , 168.61)
> x2 <- c(33.54 , 37.92 , 43.52 , 49.04 , 53.41 , 59.24)
> y <- c(.35 , 8.88 , 8.48 , 7.92 , 7.53 , 7.56)
```

使用命令 data.frame()，将 3 个变量数据整理为数据集 ra.data。

```
> ra.data <- data.frame(x1,x2,y)
> ra.data
      x1    x2     y
1  38.78 33.54 0.35
2 145.05 37.92 8.88
3 152.69 43.52 8.48
4 160.11 49.04 7.92
5 165.37 53.41 7.53
6 168.61 59.24 7.56
```

◆ 2. 确定回归方程

用随机森林对目标变量 y、说明变量 x_1，x_2 进行回归分析，需要使用命令 randomForest() 输入以下内容。

```
> rf.ra.res <- randomForest(y~., data=ra.data)
> rf.ra.res

Call:
 randomForest(formula = y ~ ., data = ra.data)
               Type of random forest: regression
                     Number of trees: 500
No. of variables tried at each split: 1

        Mean of squared residuals: 13.58263
                  % Var explained: -59.44
```

其中 y~. 表示用其他所有的变量定义 y 的回归方程。此外，data=ra.data 表示 x_1、x_2、y 包含在数据集 ra.data 中。

3. 计算预测值

要根据随机森林中所得的回归方程计算学习数据 x_1，x_2，需要使用命令 predict()。

```
> rf.ra.pred <- predict(rf.ra.res,ra.data)
```

将 rf.ra.res 中确定的规则应用到 ra.data 中，其结果显示如下。

```
> data.frame(ra.data,rf.ra.pred)
      x1     x2    y rf.ra.pred
1  38.78 33.54 0.35   3.068893
2 145.05 37.92 8.88   7.426110
3 152.69 43.52 8.48   8.182641
4 160.11 49.04 7.92   7.966384
5 165.37 53.41 7.53   7.946961
6 168.61 59.24 7.56   7.946961
```

求取学习数据以外点的数值，计算数值的点如下。

$$x_1 = \{150, 160, 170\} \tag{11.4}$$

$$x_2 = \{35, 40, 50\} \tag{11.5}$$

将以上数值整理为数据 ra.data2。

```
> x1 <- c(150,160,170)
> x2 <- c(35,40,50)
> ra.data2 <- data.frame(x1,x2)
> ra.data2
   x1 x2
1 150 35
2 160 40
3 170 50
```

使用命令 predict() 计算数值。

```
> rf.ra.pred2 <- predict(rf.ra.res,ra.data2)
> data.frame(ra.data2,rf.ra.pred2)
   x1 x2 rf.ra.pred2
1 150 35    5.636202
2 160 40    7.883714
3 170 50    7.954483
```

11.4 ◆ 测试题——决策树在判别分析和 回归分析中的应用

11.4.1 使用数据集 iris 进行判别分析

本例继续使用安装到 R 中的 Fisher 和 Anderson 的鸢尾花卉数据集 iris。之前已经用了几种方法进行了判别分析，这里使用 randomForest 解决以下问题。

```
> data(iris)
> head(iris)
  Sepal.Length Sepal.Width Petal.Length Petal.Width Species
1          5.1         3.5          1.4         0.2  setosa
2          4.9         3.0          1.4         0.2  setosa
3          4.7         3.2          1.3         0.2  setosa
4          4.6         3.1          1.5         0.2  setosa
5          5.0         3.6          1.4         0.2  setosa
6          5.4         3.9          1.7         0.4  setosa
```

　　① 使用学习数据，将 Species 作为目标变量，其他 4 个变量作为说明变量，确定判别函数。

　　② 使用判别函数对实验数据进行判别。

11.4.2　使用数据集 ToothGrowth 进行回归分析

　　R 中的数据集 ToothGrowth 记录了 3 种维生素给药量和通过 2 种摄取方法测定豚鼠牙齿生长量的结果。

　　输入命令 data(ToothGrowth) 后便可使用数据集 ToothGrowth。若只显示数据记录里最开始的几行，需要输入命令 head(ToothGrowth)。

```
> data(ToothGrowth)
> head(ToothGrowth)
   len supp dose
1  4.2   VC  0.5
2 11.5   VC  0.5
3  7.3   VC  0.5
4  5.8   VC  0.5
5  6.4   VC  0.5
6 10.0   VC  0.5
```

　　请使用 randomForest 解决以下问题。

　　① 使用学习数据，将 len 作为目标变量，其他变量作为说明变量，确定回归函数。

　　② 使用回归函数对实验数据进行判别。

第 **12** 章

深度学习

12.1 ◆ 何谓深度学习

深度学习（deep learning）是运用多层神经网络的一种机器学习方法。特别是在图像与声音的判别问题等方面显示出较高的判别性能，因此近年来进行了各种应用研究。

◆ 1. 网络结构

深度神经网络是以多层感知器为基础，拥有多个中间层的网络结构，如图 12.1 所示。虽然这样的网络结构可有效提高准确度，但是误差反向传播算法会产生无法进行参数学习的梯度消失问题。为了解决这个问题，最近有学者研究出了实时学习参数的方法。

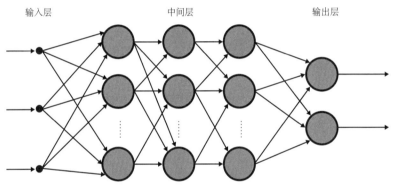

输入层　　　　　　　　中间层　　　　　　　　输出层

图 12.1　深度神经网络

◆ 2. 激活函数

在深度神经网络中，可使用以下函数作为各种传递函数或激活函数（activation function）。

● 双曲线（Tanh）函数

$$g(x) = \tanh x = \frac{e^x - e^{-x}}{e^x + e^{-x}} \tag{12.1}$$

● 线性整流函数（ReLU, Rectifier）

$$g(x) = x^+ = \max(0, x) \tag{12.2}$$

- Maxout 函数

$$g(x) = \max_k \boldsymbol{w}_k^{\mathrm{T}} \boldsymbol{x} \qquad (12.3)$$

◆ 3. DropOut

神经网络虽然对学习数据表现出良好的准确度，但对未知数据无法实现足够的准确度，这种情况称为过度学习。深度神经网络中的 DropOut 是解决过度学习的一种方法。DropOut 会在每个学习步骤中随机选择一定比例的节点，然后消除其网络，从而进行重新学习。

12.2 ◆ 例题——用深度学习预测股票价格

◆ 1. 数据准备

这是一个预测股票价格的示例，需要准备 csv 形式的数据。学习数据为train.csv，判别数据为 test.csv，数据的一部分如图 12.2 所示。

y	x1	x2	x3	x4	x5	x6	x7	x8	x9
15795.96	15820.96	15695.89	15391.56	15005.73	14980.16	15383.91	15007.06	14914.53	14619.13
15820.96	15695.89	15391.56	15005.73	14980.16	15383.91	15007.06	14914.53	14619.13	14008.47
15695.89	15391.56	15005.73	14980.16	15383.91	15007.06	14914.53	14619.13	14008.47	14180.38
15391.56	15005.73	14980.16	15383.91	15007.06	14914.53	14619.13	14008.47	14180.38	14155.12
15005.73	14980.16	15383.91	15007.06	14914.53	14619.13	14008.47	14180.38	14155.12	14462.41
14980.16	15383.91	15007.06	14914.53	14619.13	14008.47	14180.38	14155.12	14462.41	14718.34
15383.91	15007.06	14914.53	14619.13	14008.47	14180.38	14155.12	14462.41	14718.34	14800.06
15007.06	14914.53	14619.13	14008.47	14180.38	14155.12	14462.41	14718.34	14800.06	14534.74
14914.53	14619.13	14008.47	14180.38	14155.12	14462.41	14718.34	14800.06	14534.74	14313.03
14619.13	14008.47	14180.38	14155.12	14462.41	14718.34	14800.06	14534.74	14313.03	14393.11
14008.47	14180.38	14155.12	14462.41	14718.34	14800.06	14534.74	14313.03	14393.11	14843.24
14180.38	14155.12	14462.41	14718.34	14800.06	14534.74	14313.03	14393.11	14843.24	14766.53
14155.12	14462.41	14718.34	14800.06	14534.74	14313.03	14393.11	14843.24	14766.53	14449.18
14462.41	14718.34	14800.06	14534.74	14313.03	14393.11	14843.24	14766.53	14449.18	14865.67

图 12.2　练习用的一部分学习数据

◆ 2. 软件包 h2o 以及 h2o 的利用程序的初始化

输入以下内容，安装软件包 h2o。

```
> install.packages("h2o")
```

输入以下内容读取程序库 h2o。

```
> library(h2o)
```

使用命令 h2o.init() 进行环境初始化，启动 h2o 程序。

```
> h2oinit <- h2o.init(ip="localhost", port=54321, startH2O=TRUE,
nthreads=-1)
```

其中 ip 表示运行 h2o 的服务器（计算机），ip = "localhost" 表示本地主机（输入了命令的计算机）。port=54321 表示运行 h2o 的服务器编号。startH2O 表示 h2o 是否从 R 开始运行，startH2O=TRUE 表示从 R 开始运行。nthreads 表示运行 h2o 的线程数，nthreads=-1 时表示利用所有可以使用的 CPU 进行计算。

◆ 3. 转换数据

使用 h2o 的处理数据，首先要准备成 text 格式或 csv 格式，然后再转换为 h2o 目标格式。为此，需要使用命令 h2o.importFile()。另外，还需要事先将 csv 格式文件储存到 R 的目标文件夹里。R 的目标文件夹是指 Windows 中用户文件夹内的子文件夹 R。这里的学习数据是变量 h2o.data，实验数据是变量 h2o.data2。以下是输入命令后的显示结果。

```
> h2o.data <- h2o.importFile(path="train.csv")
  |=================================================| 100%
```

```
> h2o.data2 <- h2o.importFile(path="test.csv")
  |=================================================| 100%
```

◆ 4. 回归方程的学习和推断

使用命令 h2o.deeplearning() 学习判别式。

```
> h20.res <- h2o.deeplearning(x=2:10,y=1,training_frame=h2o.data,
 activation="Rectifier",hidden=c(30,50,30),epochs=50000)
```

其中 training_frame=h2o.data 表示学习数据的文件名是 h2o.data。$x = 2:10$ 和 $y = 1$ 与学习数据 h2o.data 的数据结构相关。学习数据 h2o.data 由 10 列数据组成，第 1 列是目标变量 y，第 2 列到第 10 列是说明变量 $x_1 \sim x_9$。$y = 1$ 表

示目标变量是第 1 列，x = 2:10 表示说明变量为第 2 列到第 10 列。activation ="Rectifier" 表示使用激活函数 Rectifier。hidden=c(30,50,30) 表示中间层由 3 层组成，各自的节点数分别为 30，50，30。最后，epochs=50000　是学习次数。

　　要对测试数据 h2o.data2 进行预测，需要使用命令 h2o. predict()。

```
> h2o.res2 <- h2o.predict(object=h2o.res,newdata=h2o.data2)
  |==================================================| 100%
> h2o.res2
  predict
1 16117.18
2 16081.73
3 15622.02
4 15877.44
5 15513.50
6 15603.45

[10 rows x 1 column]
```

　　其中 object=h2o.res 表示用于预测的规则是 h2o.res，newdata=h2o. data2 表示预测数据是 h2o.data2 数据。

12.3 ◆ 测试题——用深度学习对 iris 数据集进行判别分析

　　使用安装在 R 中的 Fisher 和 Anderson 的鸢尾花卉数据集 iris。相同问题已经用其他的方法进行了判别。这里请用深度学习对以下内容进行判别。

```
> data(iris)
> head(iris)
  Sepal.Length Sepal.Width Petal.Length Petal.Width Species
1          5.1         3.5          1.4         0.2  setosa
2          4.9         3.0          1.4         0.2  setosa
3          4.7         3.2          1.3         0.2  setosa
4          4.6         3.1          1.5         0.2  setosa
5          5.0         3.6          1.4         0.2  setosa
6          5.4         3.9          1.7         0.4  setosa
```

　　① 使用学习数据，将 Species 作为目标变量，其他的 4 个变量作为说明变量，确定判别函数。

　　② 使用判别函数对实验数据进行判别。

附 录

R 语言基础知识
与测试题解析

在 Windows 环境中
安装 R

◆ 1. 安装 R

进入 https://cran.r-project.org/ 后打开以下网页，如图 A.1 所示。

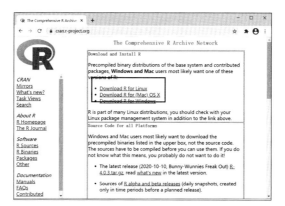

图 A.1　R 的主页

单击对应的操作系统的网页。然后，在打开的页面中单击 base 就能看见下载链接，如图 A.2 所示。笔者撰写本书时的下载版本是 Download R 3.4.1 for Windows。

图 A.2　下载链接

单击链接即可获取程序库数据文件 R-3.4.1-win.exe，如图 A.3 所示。

图 A.3　R 的程序库数据文件

在弹出的"选择语言"对话框中选择"中文（简体）"（见图 A.4）。

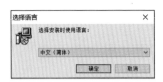

图 A.4 语言选择界面

在弹出的"安装向导"对话框中单击"下一步"按钮（见图 A.5）。

图 A.5 安装向导界面

出现 GNU GENERAL PUBLIC LICENSE 时，单击"下一步"按钮（见图 A.6）。

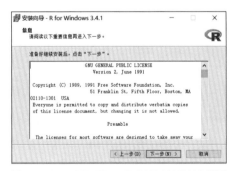

图 A.6 GNU GENERAL PUBLIC LICENSE 界面

接着会显示指定安装路径窗口。保持默认设定，单击"下一步"按钮（见图 A.7）。

图 A.7　安装路径的指定界面

组件选择保持默认设定，单击"下一步"按钮（见图 A.8）。

图 A.8　组件选择界面

启动时的选项保持默认设定，单击"下一步"按钮（见图 A.9）。

图 A.9　启动时的选项界面

程序组保持默认设定，单击"下一步"按钮（见图 A.10）。

图 A.10　程序组的指定界面

附加任务选项保持默认设定，单击"下一步"按钮（见图 A.11），程序开始安装（见图 A.12）。

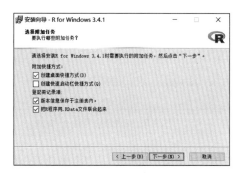

图 A.11　附加任务选项选择

图 A.12　安装状态界面

安装完成后，单击"结束"按钮（见图 A.13）。

图 A.13　安装结束界面

◆ 2. 安装 R Studio

下面安装 R Studio 作为 R 的集成开发环境。

首先从 R Studio 官方网站下载对应操作系统的 R Studio 安装程序，本书下载的是早期版本 RStudio-1.0.153，下载完成后的安装文件（见图 A.14）。

图 A.14　R Studio 的安装文件

双击图标进行安装，安装过程中的设定保持默认状态即可。

◆ 3. R Studio 的使用方法

在开始菜单或搜索栏输入 R Studio，启动后可打开以下窗口，如图 A.15 所示。

在左侧窗口输入程序。与此相对应，变量会显示在右上方。右下方窗口显示文件列表等。

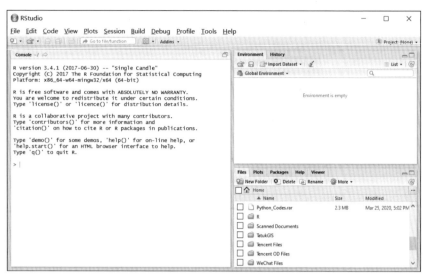

图 A.15   R Studio 的窗口

附 录 **2**

R 的简单运算

◆ 1. 变量的类型

R 中使用的变量类型有数值型（numeric）、字符型（character）、逻辑型（logical）和因子型（factor）。

数值型是指处理整数和实数等数值，字符型是指处理文本中的字符串（用""括住的字符串），逻辑型是指处理真假值中的真（TRUE，T）和假（FALSE，F），因子型是指字符串中加有顺序编号的变量。

要定义向量（或列表），需要使用命令 c()。

```
> x <- c(5,4,3)
> x
[1] 5 4 3
```

使用以下命令可以转换变量类型。

- as.character()：可将变量转换为字符型。
- as.factor()：可将变量转换为因子型。
- as.numeric()：可将变量转换为数值型。
- as.logical()：可将变量转换为逻辑型。

R 中有特征的变量是因子型的。定义字符串向量，并将其转换为因子型，如下所示。

```
> a <- c("i","g","h")
> fa <- as.factor(a)
> a
[1] "i" "g" "h"
> fa
[1] i g h
Levels: g h i
```

其中向量 a 是变量用（""）括起来的字符，向量 fa 具有等级（levels）。将 a 和 fa 转换为数值后可得以下内容。

```
> as.numeric(a)
[1] NA NA NA
Warning message:
NAs introduced by coercion
> as.numeric(fa)
[1] 3 1 2
```

由于向量 *a* 是字符串，所以无法转换为数值，在这里显示为 NA（not available）。而向量 *fa* 显示为数值。此时，向量成分有 *g*、*h*、*i* 这 3 种，因此按字母顺序添加编号后，则显示为 *g* 是 1，*h* 是 2，*i* 是 3。

如上所述，因子型变量可以给标签添加某种顺序，可根据字母顺序和定义好的顺序自动添加。

◆ 2. 四则运算

四则运算中使用的运算符是 +、−、*、/。此外，^ 用于求幂，%% 用于余数计算。在图 A.15 的左侧窗口输入以下算式后按 Enter 键就会显示运算结果。

```
> (10+5)/3
[1] 5
> 5%%2
[1] 1
```

这里 [1] 的后面就是运算结果。

为了再次对照以前输入的内容，需要使用光标键的向上箭头（↑）和向下箭头（↓）。如果要修改输入内容，用左右箭头（→、←）移动光标即可修改。

R 中可以使用各种数学函数，如正弦函数 sin()、余弦函数 cos()、正切函数 tan() 等。此外，圆周率用 pi 表示，如下所示。

```
> pi
[1] 3.141593
> sin(pi/4)
[1] 0.7071068
```

◆ 3. 矩阵与矢量的运算

对矢量 v_a，v_b 做如下定义。

$$v_a = \{1, 2, 3\}$$
$$v_b = \{10, 100, 1000\}$$

要计算它的内积

$$v_a \cdot v_b = 1 \times 10 + 2 \times 100 + 3 \times 1000 = 3210$$

需要输入以下内容。

```
> va <- c(1,2,3)
> va
[1] 1 2 3
> vb <- c(10,100,1000)
> vb
[1]   10  100 1000
> va %*% vb
     [,1]
[1,] 3210
```

其中命令 c() 定义了一个向量，该向量由括号里用逗号分隔符记录的元素构成。%*% 表示计算它们的内积。

● 联立方程式

$$m_a x = v_b$$

$$m_a = \begin{bmatrix} 2 & 1 \\ 1 & -2 \end{bmatrix}, v_b = \begin{Bmatrix} 1 \\ 3 \end{Bmatrix}$$

要求取以上方程式的解，需要定义矩阵和向量，并使用命令 solve()。

```
> ma<-matrix(c(2,1,1,-2),2,2)
> ma
     [,1] [,2]
[1,]    2    1
[2,]    1   -2
> vb<-matrix(c(1,3),2,1)
> vb
     [,1]
[1,]    1
[2,]    3
> solve(ma,vb)
     [,1]
[1,]    1
[2,]   -1
```

在 matrix(c(2,1,1,-2),2,2) 中，c(2,1,1,-2) 定义了 4 个元素的向量。通过使用命令 matrix()，可将 4 个元素的向量转换为 2 行 2 列的矩阵 m_a。向量 v_b 也是同样，它定义了 2 行 1 列的向量。以矩阵 m_a 为系数矩阵、向量 v_b 为右边向量，使用命令 solve() 即可求取联立方程式的解。

◆ 4. 绘制图表

绘制图表需要使用命令 plot()。首先,输入以下内容,在图表中绘制离散点,如图 A.16 所示。

```
> xx <- c(1,2,5)
> yy <- c(10,-5,20)
> plot(xx,yy)
```

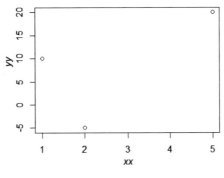

图 A.16　离散点图表

此外,为了按 $-\pi \leqslant x \leqslant \pi$ 绘制正弦函数,需要输入以下内容。结果如图 A.17 所示。

```
> plot(sin, -pi, pi)
```

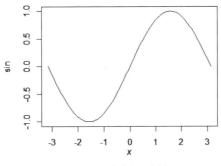

图 A.17　正弦曲线的绘制

◆ 5. 显示帮助信息

使用命令 help() 可以显示帮助信息。例如，输入以下内容显示命令 plot() 的帮助信息，如图 A.18 所示。

```
> help(plot)
```

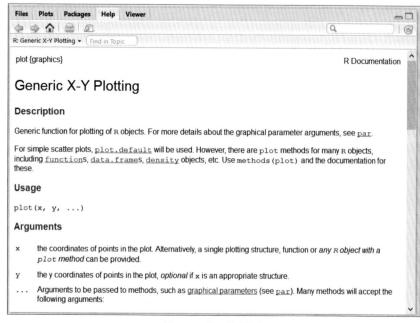

图 A.18　显示帮助信息

附 录 **3**

各章测试题解析

❯第 2 章测试题解析

　　要求在日本总务统计局的家庭收支调查数据（2000 年以后的一系列结果 ——2 人以上的家庭）中，对家庭收支情况的总支出进行各支出项目的相关分析，确定总支出的线性多元回归方程。

　　使用日本总务统计局的家庭收支调查数据（2000 年以后的一系列结果 ——2 人以上的家庭）。从网站中下载数据，并整理所需数据。其中一部分的内容如图 A.19 所示。

	A	B	C	D	E	F	G	H	I	J	
1	total	food	house	energy	furniture	cloth	medical	trans	education	amenity	
2	309621	66863	16557	24955	9241	18368	10749	31231	12527	29620	
3	290663	68872	18454	25677	8721	13673	11679	30968	14478	28000	
4	335341	74025	18399	25331	10427	17428	11661	38961	17698	34350	
5	335276	72157	18815	22908	8959	17032	11153	41060	24041	32382	
6	308566	75402	19244	21074	10685	17284	11239	35889	11511	32399	
7	297648	71592	21445	18435	11252	16037	11047	34111	9375	30647	
8	326480	74206	24477	18610	14417	17319	11764	40336	11263	34338	
9	309993	76242	18669	20289	10575	12013	11052	35290	8517	36632	
10	296457	71947	19445	20701	9724	12473	9889	36348	16241	28501	

图 A.19　部分家庭收支情况的数据

　　行列表示某个月的数据。从左开始依次是：消费支出（总支出，total），饮食（food），居住（house），电灯、燃气与水（energy），家具与家政用品（furniture），衣服与鞋子（cloth），保健医疗（medical），交通与通信（trans），教育（education），文化娱乐（amenity），其他消费支出（others）。其中，其他消费支出包含零花钱、交际费和生活补贴等。

　　csv 格式文件需要预先储存到 R 的目标文件夹中，R 的目标文件夹是指 Windows 中用户文件夹里的子文件夹 R。这里的 csv 文件是 exercise02.csv。要导入 csv 格式文件，需要使用命令 read.table() 输入以下内容。

```
> ex021.data <- read.table("exercise02.csv",header=T,sep=",")
> ex021.data
    total  food house energy furniture cloth medical trans
1  309621 66863 16557  24955      9241 18368   10749 31231
2  290663 68872 18454  25677      8721 13673   11679 30968
3  335341 74025 18399  25331     10427 17428   11661 38961
```

　　这 里 read.table("exercise02.csv",header=T,sep=",") 中 的 exercise02.

csv 表示数据文件名，header=T 表示文件的第 1 行是变量名，sep="," 表示使用逗号分隔符将数据隔开。

　　首先，要考虑对消费支出影响较大的变量有哪些，因此需要输入以下内容求取变量间的相关系数。

```
> ex021.cc.res <- cor(ex021.data)
> ex021.cc.res
               total        food       house       energy
total      1.0000000   0.6871198  0.54757531   0.1732654
food       0.6871198   1.0000000  0.60584970  -0.1597440
house      0.5475753   0.6058497  1.00000000  -0.3637122
energy     0.1732654  -0.1597440 -0.36371219   1.0000000
furniture  0.5159888   0.7200802  0.63846895  -0.3473276
cloth      0.6820442   0.3375679  0.42834339   0.0117480
medical    0.2318444   0.2933743  0.15293147   0.0737391
trans      0.3647918   0.1930928  0.04097647   0.1595540
education  0.2601125  -0.1868496 -0.12259179   0.2047570
amenity    0.7473482   0.6324076  0.54643271  -0.1999677
```

　　第 2 列是其他变量针对变量 total 的相关系数。为了更明确一些，选择与变量 total 相关性最高的 3 项，它们分别是文化娱乐（amenity）、饮食（food）、衣服与鞋子（cloth）。再选择相关性最低的 3 项，它们分别是电灯、燃气与水（energy）、保健医疗（medical）、教育（education）。相关性低的变量是固定费用，因为固定费用变动小。

　　接着，需要确定线性多元回归方程。如果用相关性最高的 3 个变量：文化娱乐（amenity）、饮食（food）、衣服与鞋子（cloth）来确定消费支出 total 的回归方程，则会得到以下内容。

```
> ex021.lm <- lm(total~+food+cloth+amenity, data=ex021.data)
> summary(ex021.lm)

Call:
lm(formula = total ~ +food + cloth + amenity, data = ex021.data)

Residuals:
    Min      1Q   Median      3Q      Max
-23216.8  -7445.3    75.1  7108.2  25376.4

Coefficients:
             Estimate Std. Error t value Pr(>|t|)
(Intercept) 7.464e+04  8.938e+03   8.351 9.28e-15 ***
food        1.117e+00  1.586e-01   7.042 2.69e-11 ***
cloth       3.881e+00  3.123e-01  12.425  < 2e-16 ***
amenity     3.109e+00  3.294e-01   9.438  < 2e-16 ***
---
Signif. codes:  0 '***' 0.001 '**' 0.01 '*' 0.05 '.' 0.1 ' ' 1

Residual standard error: 9911 on 209 degrees of freedom
Multiple R-squared:  0.7902,    Adjusted R-squared:  0.7872
F-statistic: 262.4 on 3 and 209 DF,  p-value: < 2.2e-16
```

用所得回归方程对原数据进行预测，并测量出预测的准确度。首先，需要使用命令 predict() 进行预测。然后，输入以下内容，将计算误差代入到变量 ex021.error 中。

```
> ex021.pred <- predict(ex021.lm)
> ex021.error <- (ex021.data$total/ex021.pred - 1) *100
> data.frame(ex021.data$total, ex021.pred, ex021.error)
  ex021.data.total ex021.pred   ex021.error
1           309621   312705.8 -0.986487480
2           290663   291694.4 -0.353592860
3           335341   331764.4  1.078045853
4           335276   322022.5  4.115713851
5           308566   326678.4 -5.544406410
```

其中 ex021.pred<-predict(ex021.lm) 表示将预测结果代入到变量 ex021.pred 中。ex021.error<-(ex021.data$total/ex021.pred-1)* 100 表示正在计算变量 ex021.data$total（这里指数据 ex021.data 中的 total）和预测值 ex021.pred 的相对误差。最后，data.frame(ex021.data $total,ex021.pred,ex021.error) 表示将 3 个数值设置为 3 列显示。

❯第 3 章测试题解析

　　将英语、数学、语文、理科、社会各自的数据分别输入到变量 eng、math、nat、sci、soc 中。

```
> eng<-c(60,100,80,60,70)
> math<-c(20,80,50,80,100)
> nat<-c(70,80,60,40,80)
> sci<-c(50,90,70,80,70)
> soc<-c(70,80,80,60,50)
```

　　使用命令 prcomp() 计算贡献率。

```
> ex03.data<-data.frame(eng,math,nat,sci,soc)
> ex03.pca<-prcomp(ex03.data)
> ex03.pca
Standard deviations (1, .., p=5):
[1] 3.433846e+01 2.192378e+01 1.623565e+01 2.573342e+00
[5] 2.826006e-16

Rotation (n x k) = (5 x 5):
             PC1         PC2          PC3          PC4
eng    0.19875895 -0.6895365 -0.12731150   0.3047111
math   0.90217096  0.1951055  0.07156486   0.3121106
nat    0.07901222 -0.4643176  0.79946308  -0.2854045
sci    0.34337820 -0.2136420 -0.45633163  -0.7908015
soc   -0.14976956 -0.4745941 -0.36234029   0.3208043
             PC5
eng    0.61316984
math  -0.21327647
nat   -0.23993603
sci   -0.05331912
soc   -0.71980808
> summary(ex03.pca)
Importance of components%s:
                           PC1     PC2      PC3      PC4
Standard deviation      34.3385 21.924  16.2356 2.57334
Proportion of variance  0.6109  0.249   0.1366  0.00343
Cumulative Proportion   0.6109  0.860   0.9966  1.00000
                           PC5
Standard deviation      2.826e-16
Proportion of variance  0.000e+00
Cumulative Proportion   1.000e+00
```

因为到第 2 主成分的累计贡献率是 0.86，所以采用到第 2 主成分即可。转换矩阵的成分值保存在变量 ex03.pca$rotation 中。

```
> ex03.pca$rotation
             PC1         PC2         PC3         PC4
eng   0.19875895  -0.6895365  -0.12731150   0.3047111
math  0.90217096   0.1951055   0.07156486   0.3121106
nat   0.07901222  -0.4643176   0.79946308  -0.2854045
sci   0.34337820  -0.2136420  -0.45633163  -0.7908015
soc  -0.14976956  -0.4745941  -0.36234029   0.3208043
             PC5
eng   0.61316984
math -0.21327647
nat  -0.23993603
sci  -0.05331912
soc  -0.71980808
```

如果系数的数值取小数点后三位并进行四舍五入，则第 1 主成分和第 2 主成分的关系式如下所示。

$$PC1 = 0.199 \times eng + 0.902 \times math + 0.079 \times nat + 0.343 \times sci - 0.150 \times soc$$

$$PC2 = -0.690 \times eng + 0.195 \times math - 0.464 \times nat - 0.214 \times sci - 0.475 \times soc$$

要计算主成分，只需计算数据 ex03.data 和旋转矩阵 ex03. pca $rotation 的乘积。因此，需要输入以下内容。

```
> ex03.pc <- crossprod(t(ex03.data),ex03.pca$rotation)
> ex03.pc
           PC1         PC2         PC3          PC4        PC5
[1,]  42.18485  -113.87600    1.574621  -12.537212  -37.32338
[2,] 117.29302  -147.68592  -13.105985  -12.900195  -37.32338
[3,]  77.80491  -126.18916  -19.569330   -6.833615  -37.32338
[4,] 105.74378   -89.90345  -28.181926  -12.180531  -37.32338
[5,] 126.99920  -104.58705   12.141498   -9.607416  -37.32338
```

其中 crossprod(t(ex03.data),ex03.pca$rotation) 表示正在计算向量 t(ex03.data) 和向量 ex03.pca$rotation 的内积。t(ex03.data) 表示正在进行 ex03.data 的转置计算。

只需从中挑选出主成分分析的第 1 主成分（PC1）和第 2 主成分（PC2）的结果，输入以下内容来绘制图表。

```
> pc1 <- ex03.pc[,1]
> pc2 <- ex03.pc[,2]
> plot(pc1,pc2)
```

最终得出的图表如图 A.20 所示。

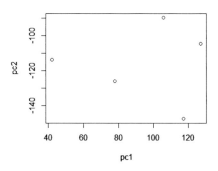

图 A.20　主成分的数据图表

从图 A.20 中可以看出 5 名学生大致可以分成 2 组。原来定义为 5 个说明变量的数据，通过这样的主成分分析将说明变量减少到 2 个，就可以做成图表了。

第 4 章测试题解析

将年龄和性别作为说明变量，确定是否会购买的判别式。首先，将年龄、性别和购买判断的数据分别输入到变量 age、gen、buy 中。使用命令 qda()，以年龄和性别作为函数，确定出购买判断的判别式。

```
> age<-c(25,35,70,50,30,20,40)
> gen<-c("m","f","m","f","f","f","m")
> buy<-c("yes","no","no","no","no","yes","yes")
> ex04.data<-data.frame(age,gen,buy)
> library(MASS)
> ex04.qda<-qda(buy~.,data=ex04.data)
> ex04.qda
Call:
qda(buy ~ ., data = ex04.data)

Prior probabilities of groups:
       no       yes
0.5714286 0.4285714

Group means:
        age       genm
no  46.25000 0.2500000
yes 28.33333 0.6666667
```

要确定判别式，针对学习数据进行推测，需要使用命令 predict() 输入以下内容。

```
> ex04.pred<-predict(ex04.qda)
> ex04.pred
$class
[1] yes no  no  no  no  yes yes
Levels: no yes

$posterior
           no          yes
1 7.008215e-07 9.999993e-01
2 9.411049e-01 5.889515e-02
3 9.999928e-01 7.151231e-06
4 9.996316e-01 3.684227e-04
5 7.783952e-01 2.216048e-01
6 1.856232e-01 8.143768e-01
7 1.687951e-03 9.983120e-01
```

　　可以看出这里对学习数据已经做出了正确的判断。如果对实验数据进行预测，会得出以下内容。这里要判别的数据是 ex04.data2。

```
> age<-c(20,25,45,50,60,60,70)
> gen<-c("m","f","f","m","m","f","f")
> ex04.data2<-data.frame(age,gen)
> ex04.data2
  age gen
1  20   m
2  25   f
3  45   f
4  50   m
5  60   m
6  60   f
7  70   f
> ex04.pred2<-predict(ex04.qda,ex04.data2)
> ex04.pred2
$class
[1] yes yes no  yes no  no  no
Levels: no yes

$posterior
            no           yes
1 6.360431e-08 9.999999e-01
2 4.600036e-01 5.399964e-01
3 9.977534e-01 2.246614e-03
4 3.320806e-01 6.679194e-01
5 9.954048e-01 4.595217e-03
6 9.999926e-01 7.352659e-06
7 9.999999e-01 9.900123e-08
```

　　学习数据中，变量 buy 中的 yes/no 分别用红色和蓝色表示。判别数据中，变量 buy 中的 yes/no 分别用黄色和绿色表示，如下所示。

```
> plot(ex04.data$age,ex04.data$gen,xlim=c(20,80),xlab="Age",ylab=
"Man/Woman",col=ifelse(ex04.data$buy=="yes","red","blue"))
> par(new=TRUE)
> plot(ex04.data2$age,ex04.data2$gen,xlim=c(20,80),xlab="",ylab="
",col=ifelse(ex04.pred2$class=="yes","yellow","green"))
```

　　第 1 行中，ex04.data$age 标记的是 x 坐标，ex04.data$gen 标记的是 y 坐标。xlim=c(20,80) 指定了 x 轴的范围是在 20 ~ 80 绘制。xlab="Age" 和 ylab="Man/Woman" 定义了各自 x 轴和 y 轴的标签。此外，col=ifelse(ex04.data$buy=="yes","red","blue") 表示变量 ex04.data$buy 为 "yes" 时显示为红色，否则显示为蓝色。

第 2 行中，命令 par(new=TRUE) 表示在重新绘制以下图表时不消除以前的图表。

第 3 行的函数中，xlab="" 和 ylab="" 表示不显示标签。最后，ex04. pred2 $class 表示判别数据的预测结果。

最终得出的图表如图 A.21 所示。

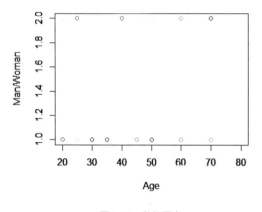

图 A.21　数据图表

图表中纵轴表示的是性别，所以有 2 个值，现在取的是 1 或者 2 的值。

❯第 5 章测试题解析

由律师对美国高等法院 43 名法官进行评价的数据如下。

```
> USJudgeRatings
               CONT INTG DMNR DILG CFMG DECI PREP FAMI ORAL
AARONSON,L.H.   5.7  7.9  7.7  7.3  7.1  7.4  7.1  7.1  7.1
ALEXANDER,J.M.  6.8  8.9  8.8  8.5  7.8  8.1  8.0  8.0  7.8
ARMENTANO,A.J.  7.2  8.1  7.8  7.8  7.5  7.6  7.5  7.5  7.3
BERDON,R.I.     6.8  8.8  8.5  8.8  8.3  8.5  8.7  8.7  8.4
BRACKEN,J.J.    7.3  6.4  4.3  6.5  6.0  6.2  5.7  5.7  5.1
......
```

法官的名字后面记录的是以下变量。

- CONT：律师与法官接触次数。

- INTG：法官的正直程度。

- DMNR：风度。

- DILG：勤勉度。

- CFMG：审判管理（案例水平）。

- DECI：决策效率。

- PREP：准备工作。

- FAMI：对法律的熟悉度。

- ORAL：口头裁决可靠度。

- WRIT：书面裁决可靠度。

- PHYS：体能。

- RTEN：是否值得保留。

数据之间的欧几里得距离可以使用命令 dist() 来计算。

```
> ex02.dist<-dist(USJudgeRatings)
> ex02.dist
               AARONSON,L.H.  ALEXANDER,J.M.  ARMENTANO,A.J.
ALEXANDER,J.M.    3.1000000
ARMENTANO,A.J.    1.8520259      2.1908902
BERDON,R.I.       4.2047592      1.5459625       3.2419130
......
```

使用 k-means 法进行聚类分析，显示内容如下。

```
> ex02.cls <- hclust(ex02.dist)
> par(ps=6)
> plot(ex02.cls)
```

其中 par(ps=6) 表示将字符的字号指定为 6 点。默认的字体因为字号过大会导致名字重叠。

树形图如图 A.22 所示。

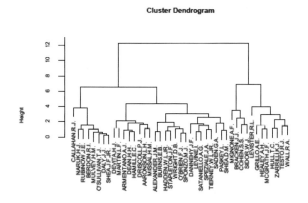

图 A.22　树形图

❯第 7 章测试题解析

7.4.1 使用数据集 iris 进行判别分析

要使用数据集 iris，需要输入命令 data(iris)。若只显示数据记录里最开始的几行，需要输入命令 head(iris)。

```
> data(iris)
> head(iris)
  Sepal.Length Sepal.Width Petal.Length Petal.Width Species
1          5.1         3.5          1.4         0.2  setosa
2          4.9         3.0          1.4         0.2  setosa
3          4.7         3.2          1.3         0.2  setosa
4          4.6         3.1          1.5         0.2  setosa
5          5.0         3.6          1.4         0.2  setosa
6          5.4         3.9          1.7         0.4  setosa
```

从左开始依次是：萼片的长度 Sepal.Length、萼片的宽度 Sepal.Width、花瓣的长度 Petal.Length、花瓣的宽度 Petal.Width、品种 Species。其中，品种 Species 是定性变量，其他 4 个变量是定量变量。

$$y = g_{NN}(x_1, x_2, x_3, x_4)$$

从数据集 iris 中选取一部分作为学习数据集，一部分作为实验数据集，分开保存。接下来结合命令的使用方法对操作过程进行逐步讲解。

数据集中所包含的数据总数可以使用命令 nrow() 求取，在此是 150 个。

```
> nrow(iris)
[1] 150
```

其中的 4/5 作为学习数据集，1/5 作为实验数据集保存。使用命令 sample()，可在 1 ~ 150 数值中随机选择 120 个，其结果保存在变量 idex 中。

```
> idex <- sample(nrow(iris),nrow(iris)*4/5)
> idex
  [1] 104  93  18  79  46 107 110  30  17 133  20   6 121 111
 [15] 120  11  74  25  65 145  21  59 118 146  90 101 125 100
 [29]  47 143  82  51 129  15  52 105  99  70 131  31  69  34
 [43]  27   9   3 142  24  54 150 137  26 126 114   1 141  45
 [57]  37  50 124  94  43  68  91  16 147  55 112  61 103 102
 [71]   4  56   7  98 127 116 109  41  14  57 139  63  29 148
 [85]  22  84  19 149  32   5 106  36  88  72  66  42   2  87
 [99]   8  77  85  38  75 123  97 115 136  44  12  23  62  33
[113] 135 108  39  96  64  73 113  89
```

sample(nrow(iris),nrow(iris)*4/5) 中，第一个 nrow(iris) 表示从 1 到 nrow(iris)（=150）的值中用均匀随机数选择整数值，第 2 个 nrow(iris)*4/5（=120）表示选择了 120 个数值。

输入以下内容可将原保存在变量 idex 中的数值数据保存到学习数据集 iris.train.data 中。

```
> iris.train.data <- iris[idex,]
> nrow(iris.train.data)
[1] 120
> head(iris.train.data)
    Sepal.Length Sepal.Width Petal.Length Petal.Width
104          6.3         2.9          5.5         1.8
93           5.8         2.6          4.0         1.2
18           5.1         3.5          1.4         0.3
79           6.0         2.9          4.5         1.5
46           4.8         3.0          1.4         0.3
107          4.9         2.5          4.5         1.7
        Species
104   virginica
93   versicolor
18       setosa
79   versicolor
46       setosa
107   virginica
```

其中 iris[idex,] 表示将保存在 idex 中的整数值作为编号数据使用。

输入以下内容可将未保存在学习数据集 iris.train.data 中的数据保存到实验数据集 iris.test.data 中。

```
> iris.test.data <- iris[-idex,]
> nrow(iris.test.data)
[1] 30
> head(iris.test.data)
   Sepal.Length Sepal.Width Petal.Length Petal.Width Species
10          4.9         3.1          1.5         0.1  setosa
13          4.8         3.0          1.4         0.1  setosa
28          5.2         3.5          1.5         0.2  setosa
35          4.9         3.1          1.5         0.2  setosa
40          5.1         3.4          1.5         0.2  setosa
48          4.6         3.2          1.4         0.2  setosa
```

其中 iris[-idex,] 表示除去原保存在 idex 中作为编号的整数值以外的数值数据。

要使用神经网络需要读取程序库 nnet。使用命令 nnet()，在 3 层构造的神经网络中，将中间层的节点数设为 8 进行判别式学习。

```
> library(nnet)
> iris.nn.res <- nnet(Species~., data=iris.train.data, size=8)
# weights:  67
initial  value 180.380255
iter  10 value 30.834971
iter  20 value 3.420988
iter  30 value 2.164416
iter  40 value 1.531326
iter  50 value 0.020621
iter  60 value 0.002854
iter  70 value 0.000387
final   value 0.000077
converged
```

在命令 nnet() 中，data=iris.train.data 表示使用的数据是数据集 iris.train.data，size=8 表示中间层的节点数是 8，Species~. 表示以变量 Species 为目标变量，其他的 4 个变量为说明变量，从而确定关系式。

要显示参数值，需要使用命令 summary()。

```
> summary(iris.nn.res)
a 4-8-3 network with 67 weights
options were - softmax modelling
  b->h1  i1->h1  i2->h1  i3->h1  i4->h1
   6.70   13.83   33.42  -46.16  -21.79
  b->h2  i1->h2  i2->h2  i3->h2  i4->h2
  ......
```

使用命令 str() 可以显示更为详细的信息。

```
> str(iris.nn.res)
List of 19
 $ n          : num [1:3] 4 8 3
 $ nunits     : int 16
 $ nconn      : num [1:17] 0 0 0 0 0 0 5 10 15 20 ...
 $ conn       : num [1:67] 0 1 2 3 4 0 1 2 3 4 ...
```

要判别学习数据，需要使用命令 predict() 输入以下内容。

```
> iris.nn.pred <- predict(iris.nn.res)
> head(iris.nn.pred)
          setosa     versicolor    virginica
104  3.462760e-24  6.005871e-26  1.000000e+00
93   2.337765e-31  1.000000e+00  1.543126e-46
18   1.000000e+00  1.895748e-19  2.419112e-66
79   2.337765e-31  1.000000e+00  1.543126e-46
46   1.000000e+00  1.895748e-19  2.419112e-66
107  1.049023e-22  9.531563e-24  1.000000e+00
```

其中 iris.nn.pred<-predict(iris.nn.res) 表示将 iris.nn.res 的预测结果代入变量 iris.nn.pred 中，head(iris.nn.pred) 表示只显示 iris.nn.pred 最前面的几行。这里的 setosa、versicolor、virginica 表示 iris 的种类，下面的数值表示该数据是对应的品种的可能性。例如数据 104，因为 setosa, versicolor, virginica 各自对应数值可能是 3.462760e–24, 6.005871e–26, 1.000000e+00，所以可以判定 104 是 virginica。

从结果中，把用于学习的正确数据和预测数据进行比较，如果只显示最开始的 6 项，则内容如下所示。

```
> head(data.frame(iris.train.data[5],iris.nn.pred))
       Species        setosa     versicolor    virginica
104  virginica  3.462760e-24  6.005871e-26  1.000000e+00
93   versicolor 2.337765e-31  1.000000e+00  1.543126e-46
18    setosa    1.000000e+00  1.895748e-19  2.419112e-66
79   versicolor 2.337765e-31  1.000000e+00  1.543126e-46
46    setosa    1.000000e+00  1.895748e-19  2.419112e-66
107  virginica  1.049023e-22  9.531563e-24  1.000000e+00
```

从这个结果可以看出数据 104 确实是 virginica，证明之前的判断是正确的。

正如前面所述，iris.train.data 中记录的是每行 5 个变量。从左开始依次是 Sepal.Length、Sepal.Width、Petal.Length、Petal.Width、Species。

iris.train.data[5] 表示的是第 5 个变量 Species。

要判别实验数据，需要使用命令 predict() 输入以下内容。

```
> iris.nn.pred2 <- predict(iris.nn.res,iris.test.data)
> head(iris.nn.pred2)
   setosa  versicolor     virginica
10      1 1.895748e-19 2.419112e-66
13      1 1.895748e-19 2.419112e-66
28      1 1.895748e-19 2.419112e-66
35      1 1.895748e-19 2.419112e-66
40      1 1.895748e-19 2.419112e-66
48      1 1.895748e-19 2.419112e-66
```

其中 predict(iris.nn.res,iris.test.data) 表示使用保存在 iris.
nn.res 中的判别规则对 iris.test.data 进行判别。

接下来，与实验数据的预测准确度进行比较，可以得出以下内容，由此可知
预测是正确的。

```
> head(data.frame(iris.test.data[5],iris.nn.pred2))
   Species setosa    versicolor     virginica
10  setosa      1 1.895748e-19 2.419112e-66
13  setosa      1 1.895748e-19 2.419112e-66
28  setosa      1 1.895748e-19 2.419112e-66
35  setosa      1 1.895748e-19 2.419112e-66
40  setosa      1 1.895748e-19 2.419112e-66
48  setosa      1 1.895748e-19 2.419112e-66
```

7.4.2 使用数据集 ToothGrowth 进行回归分析

输入命令 data(ToothGrowth) 后便可使用数据集 ToothGrowth。如果只显示数据记录里最开始的几行，需要输入命令 head(ToothGrowth)。

```
> data(ToothGrowth)
> head(ToothGrowth)
   len supp dose
1   4.2   VC  0.5
2  11.5   VC  0.5
3   7.3   VC  0.5
4   5.8   VC  0.5
5   6.4   VC  0.5
6  10.0   VC  0.5
```

数据集 ToothGrowth 中记录的数据种类从左开始依次是：牙齿生长量 len、给药方法 supp、给药量 dose。len 和 dose 是定量变量，supp 是定性变量。分别取了 VC（维生素 C）和 OJ（橙汁）2 个值。

$$y = g_{NN}(x_1, x_2)$$

从数据集 ToothGrowth 中选取一部分作为学习数据集，一部分作为实验数据集，分开保存。

数据集中所包含的数据总数使用命令 nrow() 求取，ToothGrowth 一般为 60 个。

```
> nrow(ToothGrowth)
[1] 60
```

其中的 4/5 作为学习数据集，1/5 作为实验数据集保存。使用命令 sample()，可在 1 ~ 60 的数值中随机选择 48 个，其结果保存在变量 idex2 中。

```
> idex2 <- sample(nrow(ToothGrowth),nrow(ToothGrowth)*4/5)
> idex2
 [1] 21 52 53 57  6 55 33 36 48 12 14 37 43 41 38 46 54 29 60
[20]  1 49 51 56 13 34 30  4 15 32 16 31 39 45  2 10 26  9 50
[39] 42 58 11 40 18 17 59  3 20  7
```

sample(nrow(ToothGrowth),nrow(ToothGrowth)*4/5) 中，第一个

nrow(ToothGrowth) 表示从 1 到 nrow(ToothGrowth)（=60）的值中用均匀随
机数选择整数值,第 2 个 nrow(ToothGrowth)*4/5(＝48)表示选择 48 个数值。

输入以下内容可将原保存在变量 *idex2* 中的数值数据保存到学习数据集
ToothGrowth.train.data 中。

```
> ToothGrowth.train.data <- ToothGrowth[idex2,]
> nrow(ToothGrowth.train.data)
[1] 48
> head(ToothGrowth.train.data)
    len supp dose
21 23.6   VC  2.0
52 26.4   OJ  2.0
53 22.4   OJ  2.0
57 26.4   OJ  2.0
6  10.0   VC  0.5
55 24.8   OJ  2.0
```

其中 ToothGrowth[idex2,] 表示将保存在 idex2 中的整数值作为编号数
据使用。可以看出这里记录了 60 个数据中占 4/5 的 48 个数据。

输入以下内容可将未保存在学习数据集 ToothGrowth.train.data 中的数
据保存到实验数据集 ToothGrowth.test.data 中。

```
> ToothGrowth.test.data <- ToothGrowth[-idex2,]
> nrow(ToothGrowth.test.data)
[1] 12
> head(ToothGrowth.test.data)
    len supp dose
5   6.4   VC  0.5
8  11.2   VC  0.5
19 18.8   VC  1.0
22 18.5   VC  2.0
23 33.9   VC  2.0
24 25.5   VC  2.0
```

其中 ToothGrowth[-idex2,] 表示除去原保存在 idex2 中作为编号的整数
值以外的数值数据。

要使用神经网络需要读取程序库 nnet。使用命令 nnet(),在 3 层构造的神
经网络中,将中间层的节点数设为 12 进行判别式学习。

```
> library(nnet)
> ToothGrowth.nn.res <- nnet(len~.,data=ToothGrowth.train.data,si
ze=12,linout=TRUE,maxit=100)
# weights:  49
initial  value 19920.832043
iter  10 value 561.744485
iter  20 value 521.854638
iter  30 value 521.731782
iter  40 value 521.729134
iter  50 value 521.682167
iter  60 value 517.912965
final  value 517.837611
converged
```

在命令 nnet() 中，data=ToothGrowth.train.data 表示使用的数据是数据集 ToothGrowth.train.data，size=12 表示中间层的节点数是 12，len~. 表示以变量 len 为目标变量，其他的 2 个变量为说明变量，从而确定关系式。

要显示参数值，需要使用命令 summary()。

```
> summary(ToothGrowth.nn.res)
a 2-12-1 network with 49 weights
options were - linear output units
 b->h1 i1 >h1 i2->h1
 -7.85  -7.42  -2.59
```

使用命令 str() 可以显示更为详细的信息。

```
> str(ToothGrowth.nn.res)
List of 19
 $ n         : num [1:3] 2 12 1
 $ nunits    : int 16
 $ nconn     : num [1:17] 0 0 0 0 3 6 9 12 15 18 ...
```

要判别学习数据，需要使用命令 predict() 输入以下内容。

```
> ToothGrowth.nn.pred <- predict(ToothGrowth.nn.res)
> head(ToothGrowth.nn.pred)
        [,1]
21 27.224950
52 26.059998
53 26.059998
57 26.059998
6   7.775014
55 26.059998
```

这里的 ToothGrowth.nn.pred <- predict(ToothGrowth.nn.res) 表示将 ToothGrowth.nn.res 的预测结果代入变量 ToothGrowth.nn.pred 中。head (ToothGrowth.nn.pred) 表示只显示 ToothGrowth.nn.pred 前面几行内容。

把用于学习的正确数据与预测数据进行比较，只显示最开始的 6 项内容，则结果显示如下。

```
> head(data.frame(ToothGrowth.train.data[1],ToothGrowth.nn.pred))
   len ToothGrowth.nn.pred
21 23.6          27.224950
52 26.4          26.059998
53 22.4          26.059998
57 26.4          26.059998
6  10.0           7.775014
55 24.8          26.059998
```

计算预测误差的绝对值,输入到变量 ToothGrowth.nn.error 中,如下所示。

```
> ToothGrowth.nn.error <- abs(ToothGrowth.train.data[1]-ToothGrow
th.nn.pred)
> head(ToothGrowth.nn.error)
        len
21 3.6249502
52 0.3400018
53 3.6599982
57 0.3400018
6  2.2249860
55 1.2599982
```

以下是所要求取的最大值、最小值和平均值。

```
> max(ToothGrowth.nn.error)
[1] 8.411106
> min(ToothGrowth.nn.error)
[1] 0.0444178
> sum(ToothGrowth.nn.error)/nrow(ToothGrowth.nn.error)
[1] 2.70567
```

其中命令 max()、min()、sum() 分别表示求取最大值、最小值、总和。

要判别实验数据，需要使用命令 predict() 输入以下内容。

```
> ToothGrowth.nn.pred2 <- predict(ToothGrowth.nn.res,ToothGrowth.
test.data)
> head(ToothGrowth.nn.pred2)
         [,1]
5   7.775014
8   7.775014
19 16.544418
22 27.224950
23 27.224950
24 27.224950
```

其中 predict(ToothGrowth.nn.res,ToothGrowth.test.data) 表示使用 ToothGrowth.nn.res 中确定的回归方程来推测 ToothGrowth.test.data。

最后，与实验数据的预测准确度进行比较，可以得出以下内容。

```
> ToothGrowth.nn.error2 <- abs(ToothGrowth.test.data[1]-ToothG
rowth.nn.pred2)
> max(ToothGrowth.nn.error2)
[1] 8.72495
> min(ToothGrowth.nn.error2)
[1] 0.5249502
> sum(ToothGrowth.nn.error2)/nrow(ToothGrowth.nn.error2)
[1] 3.430537
```

第 8 章测试题解析

8.4.1 使用数据集 iris 进行判别分析

要使用数据集 iris，需要输入命令 data(iris)。若只显示数据记录中最开始的几行，需要输入命令 head(iris)。

```
> data(iris)
> head(iris)
  Sepal.Length Sepal.Width Petal.Length Petal.Width Species
1          5.1         3.5          1.4         0.2  setosa
2          4.9         3.0          1.4         0.2  setosa
3          4.7         3.2          1.3         0.2  setosa
4          4.6         3.1          1.5         0.2  setosa
5          5.0         3.6          1.4         0.2  setosa
6          5.4         3.9          1.7         0.4  setosa
```

从左开始依次是：萼片的长度 Sepal.Length、萼片的宽度 Sepal.Width、花瓣的长度 Petal.Length、花瓣的宽度 Petal.Width、品种 Species。其中，品种 Species 是定性变量，其他 4 个变量是定量变量。

$$y = g_{SVM}(x_1, x_2, x_3, x_4)$$

数据集中所含数据的总数可以使用命令 nrow() 求取，iris 数据集一般是 150 个。

```
> nrow(iris)
[1] 150
```

其中的 4/5 作为学习数据集，1/5 作为实验数据集保存。使用命令 sample()，可在 1 ~ 150 数值中随机选择 120 个，其结果保存在变量 idex 中。

```
> idex <- sample(nrow(iris),nrow(iris)*4/5)
> idex
  [1] 104  93  18  79  46 107 110  30  17 133  20   6 121 111
 [15] 120  11  74  25  65 145  21  59 118 146  90 101 125 100
 [29]  47 143  82  51 129  15  52 105  99  70 131  31  69  34
 [43]  27   9   3 142  24  54 150 137  26 126 114   1 141  45
 [57]  37  50 124  94  43  68  91  16 147  55 112  61 103 102
 [71]   4  56   7  98 127 116 109  41  14  57 139  63  29 148
 [85]  22  84  19 149  32   5 106  36  88  72  66  42   2  87
 [99]   8  77  85  38  75 123  97 115 136  44  12  23  62  33
[113] 135 108  39  96  64  73 113  89
```

sample(nrow(iris),nrow(iris)*4/5) 中，第一个 nrow(iris) 表示从 1
到 nrow(iris)（=150）的值中用均匀随机数选择整数值，第 2 个 nrow(iris)*4/5
（=120）表示选择了 120 个数值。

输入以下内容可将原保存在变量 idex 中的数值数据保存到学习数据集
iris.train.data 中。

```
> iris.train.data <- iris[idex,]
> nrow(iris.train.data)
[1] 120
> head(iris.train.data)
    Sepal.Length Sepal.Width Petal.Length Petal.Width
104          6.3         2.9          5.5         1.8
93           5.8         2.6          4.0         1.2
18           5.1         3.5          1.4         0.3
79           6.0         2.9          4.5         1.5
46           4.8         3.0          1.4         0.3
107          4.9         2.5          4.5         1.7
        Species
104   virginica
93   versicolor
18       setosa
79   versicolor
46       setosa
107   virginica
```

其中 iris[idex,] 表示将保存在 idex 中的整数值作为编号数据使用。

输入以下内容可将未保存在学习数据集 iris.train.data 中的数据保存到
实验数据集 iris.test.data 中。

```
> iris.test.data <- iris[-idex,]
> nrow(iris.test.data)
[1] 30
> head(iris.test.data)
    Sepal.Length Sepal.Width Petal.Length Petal.Width Species
10           4.9         3.1          1.5         0.1  setosa
13           4.8         3.0          1.4         0.1  setosa
28           5.2         3.5          1.5         0.2  setosa
35           4.9         3.1          1.5         0.2  setosa
40           5.1         3.4          1.5         0.2  setosa
48           4.6         3.2          1.4         0.2  setosa
```

其中 iris[-idex,] 表示除去原保存在 idex 中作为编号的整数值以外的数值数据。

要使用支持向量机，需要读取软件包 kernlab。

```
> install.packages("kernlab")
```

输入以下内容读取程序库 kernlab。

```
> library(kernlab)
```

使用命令 ksvm() 学习判别式。

```
> iris.svm.res <- ksvm(Species~., data=iris.train.data, type="
C-svc")
```

其中 Species~. 表示以 Species 为目标变量，用其他所有变量确定判别式。data=iris.train.data 表示学习数据的数据集。最后，type="C-svc" 表示指定使用的算法，结果如下所示。

```
> iris.svm.res
Support Vector Machine object of class "ksvm"

SV type: C-svc  (classification)
 parameter : cost C = 1

Gaussian Radial Basis kernel function.
 Hyperparameter : sigma =  0.72848316988409

Number of Support Vectors : 51

Objective Function Value : -4.1263 -4.4915 -15.7049
......
```

要显示参数值，需要使用命令 summary()。

```
> summary(iris.svm.res)
Length  Class   Mode
     1   ksvm     S4
```

要判别学习数据，需要使用命令 predict() 输入以下内容。

```
> iris.svm.pred <- predict(iris.svm.res,iris.train.data)
```

其中 predict(iris.svm.res,iris.train.data) 表示使用 iris.svm.res 中确定的判别规则对 iris.train.data 进行判别，其结果将代入到变量 iris.svm.pred 中。

若要比较学习数据和预测数据，只显示最开始的 6 项内容，则结果显示如下。

```
> head(data.frame(iris.train.data[5],iris.svm.pred))
        Species iris.svm.pred
104   virginica     virginica
93   versicolor    versicolor
18      setosa        setosa
79   versicolor    versicolor
46      setosa        setosa
107   virginica     virginica
```

根据这个结果可以看出以上 6 个数据的判别是正确的。

要判别实验数据，需要使用命令 predict() 输入以下内容。

```
> iris.svm.pred2 <- predict(iris.svm.res,iris.test.data)
```

其中 predict(iris.svm.res,iris.test.data) 表示使用 iris.svm.res 中保存的判别规则对 iris.test.data 进行判别。

若要与实验数据的预测准确度相比较，由以下内容可知预测是正确的。

```
> head(data.frame(iris.test.data[5],iris.svm.pred2))
   Species iris.svm.pred2
10  setosa        setosa
13  setosa        setosa
28  setosa        setosa
35  setosa        setosa
40  setosa        setosa
48  setosa        setosa
```

8.4.2　使用数据集 ToothGrowth 进行回归分析

输入命令 data(ToothGrowth) 后便可使用数据集 ToothGrowth。若只显示数据记录中最开始的几行，需要输入命令 head(ToothGrowth)。

```
> data(ToothGrowth)
> head(ToothGrowth)
   len supp dose
1  4.2   VC  0.5
2 11.5   VC  0.5
3  7.3   VC  0.5
4  5.8   VC  0.5
5  6.4   VC  0.5
6 10.0   VC  0.5
```

数据集 ToothGrowth 中记录的数据种类从左开始依次是：牙齿生长量 len，给药方法 supp，给药量 dose。len 和 dose 是定量变量，supp 是定性变量。分别取了 VC（维生素 C）和 OJ（橙汁）2 个值。

将 supp、dose、len 分别设为变量 x_1，x_2，y，len 作为目标变量，其他的 2 个变量作为说明变量确定判别函数 g_{SVM}。

$$y = g_{SVM}(x_1, x_2)$$

数据集中包含的数据总数为 60 个。

```
> nrow(ToothGrowth)
[1] 60
```

其中 4/5 作为学习数据集，1/5 作为实验数据集保存。使用命令 sample()，可从 1 ~ 60 的数值中随机选择 48 个，其结果将保存在变量 idex2 中。

```
> idex2 <- sample(nrow(ToothGrowth),nrow(ToothGrowth)*4/5)
> idex2
 [1] 21 52 53 57  6 55 33 36 48 12 14 37 43 41 38 46 54 29 60
[20]  1 49 51 56 13 34 30  4 15 32 16 31 39 45  2 10 26  9 50
[39] 42 58 11 40 18 17 59  3 20  7
```

在这里，sample(nrow(ToothGrowth),nrow(ToothGrowth)*4/5) 中，第一个nrow(ToothGrowth)表示从1到nrow(ToothGrowth)(=60)的值

中用均匀随机数选择整数值。第2个nrow(ToothGrowth)*4/5表示选择的整数个数
是(nrow(ToothGrowth)*4/5=)48个。

输入以下内容可将原保存在变量 idex2 中的数值数据保存到学习数据集
ToothGrowth.train.data 中。

```
> ToothGrowth.train.data <- ToothGrowth[idex2,]
> nrow(ToothGrowth.train.data)
[1] 48
> head(ToothGrowth.train.data)
    len supp dose
21 23.6   VC  2.0
52 26.4   OJ  2.0
53 22.4   OJ  2.0
57 26.4   OJ  2.0
6  10.0   VC  0.5
55 24.8   OJ  2.0
```

其中 ToothGrowth[idex2,] 表示将保存在 idex2 中的整数值作为编号数
据。可以看出这里记录了 60 个数据中占 4/5 的 48 个数据。

输入以下内容可将未保存在学习数据集 ToothGrowth.train.data 中的数
据保存到实验数据集 ToothGrowth.test.data 中。

```
> ToothGrowth.test.data <- ToothGrowth[-idex2,]
> nrow(ToothGrowth.test.data)
[1] 12
> head(ToothGrowth.test.data)
    len supp dose
5   6.4   VC  0.5
8  11.2   VC  0.5
19 18.8   VC  1.0
22 18.5   VC  2.0
23 33.9   VC  2.0
24 25.5   VC  2.0
```

其中 ToothGrowth[-idex2,] 表示除去原保存在 idex2 中作为编号的整数
值以外的数值数据。

要使用支持向量机，需要读取软件包 kernlab。

```
> install.packages("kernlab")
```

输入以下内容读取程序库 kernlab。

```
> library(kernlab)
```

使用命令 ksvm() 学习回归方程。

```
> ToothGrowth.svm.res <- ksvm(len~., data=ToothGrowth.train.da
ta, type="nu-svr")
> ToothGrowth.svm.res
Support Vector Machine object of class "ksvm"

SV type: nu-svr  (regression)
 parameter : epsilon = 0.1   nu = 0.2

Gaussian Radial Basis kernel function.
 Hyperparameter : sigma =  0.853925794508858

Number of Support Vectors : 13

Objective Function Value : -9.0158
Training error : 0.211866
```

命令 ksvm() 中的 data=ToothGrowth.train.data 表示使用的数据是数据集 ToothGrowth.train.data。type="nu-svr" 表示指定使用的算法。

要判别学习数据，需要使用命令 predict() 输入以下内容。

```
> ToothGrowth.svm.pred <- predict(ToothGrowth.svm.res,ToothGro
wth.train.data)
```

其中 predict(ToothGrowth.svm.res,ToothGrowth.train.data) 表示将 ToothGrowth.train.data 代入到 ToothGrowth.svm.res 确定的回归方程中。

若要比较学习数据和预测数据，只显示最开始的 6 项内容，则结果如下所示。

```
> head(data.frame(ToothGrowth.train.data[1],ToothGrowth.svm.pr
ed))
   len ToothGrowth.svm.pred
21 23.6            27.744620
52 26.4            26.455947
53 22.4            26.455947
57 26.4            26.455947
6  10.0             9.646454
55 24.8            26.455947
```

计算预测误差的绝对值，输入变量 ToothGrowth.svm.error 后，显示以下内容。

```
> ToothGrowth.svm.error <- abs(ToothGrowth.train.data[1]-Tooth
Growth.svm.pred)
> head(ToothGrowth.svm.error)
          len
21 4.14461988
52 0.05594657
53 4.05594657
57 0.05594657
6  0.35354592
55 1.65594657
```

以下是所要求取的最大值、最小值和平均值。

```
> max(ToothGrowth.svm.error)
[1] 7.653546
> min(ToothGrowth.svm.error)
[1] 0.05594657
> sum(ToothGrowth.svm.error)/nrow(ToothGrowth.svm.error)
[1] 2.979005
```

其中命令 max()、min()、sum() 分别表示求取最大值、最小值、总和。

要判别实验数据，需要使用命令 predict() 输入以下内容。这里的 predict(ToothGrowth.svm.res,ToothGrowth.test.data) 表示使用 ToothGrowth. svm.res 确定的回归方程来推测 ToothGrowth. test.data。

```
> ToothGrowth.svm.pred2 <- predict(ToothGrowth.svm.res,ToothGr
owth.test.data)
> head(data.frame(ToothGrowth.test.data[1],ToothGrowth.svm.pre
d2))
    len ToothGrowth.svm.pred2
5    6.4            9.646454
8   11.2            9.646454
19  18.8           18.048659
22  18.5           27.744620
23  33.9           27.744620
24  25.5           27.744620
```

接着，计算最大误差、最小误差、平均误差，如下所示。

```
> ToothGrowth.svm.error2 <- abs(ToothGrowth.test.data[1]-Tooth
Growth.svm.pred2)
> max(ToothGrowth.svm.error2)
[1] 9.24462
> min(ToothGrowth.svm.error2)
[1] 0.6535459
> sum(ToothGrowth.svm.error2)/nrow(ToothGrowth.svm.error2)
[1] 3.597655
```

❯第 9 章测试题解析

数据集中包含的数据总数可以使用命令 nrow() 求取，可以看出总数为 150 个。

```
> nrow(iris)
[1] 150
```

其中的 4/5 作为学习数据集，1/5 作为实验数据集保存。使用命令 sample()，可从 1 ~ 150 数值中随机选择 120 个，其结果保存在变量 idex 中。

```
> idex <- sample(nrow(iris),nrow(iris)*4/5)
> idex
  [1] 104  93  18  79  46 107 110  30  17 133  20   6 121 111
 [15] 120  11  74  25  65 145  21  59 118 146  90 101 125 100
 [29]  47 143  82  51 129  15  52 105  99  70 131  31  69  34
 [43]  27   9   3 142  24  54 150 137  26 126 114   1 141  45
 [57]  37  50 124  94  43  68  91  16 147  55 112  61 103 102
 [71]   4  56   7  98 127 116 109  41  14  57 139  63  29 148
 [85]  22  84  19 149  32   5 106  36  88  72  66  42   2  87
 [99]   8  77  85  38  75 123  97 115 136  44  12  23  62  33
[113] 135 108  39  96  64  73 113  89
```

sample(nrow(iris),nrow(iris)*4/5) 中，第一个 nrow(iris) 表示从 1 到 nrow(iris)（=150）的值中用均匀随机数选择整数值，第 2 个 nrow(iris)*4/5（=120）表示选择了 120 个数值。

输入以下内容可将原保存在变量 idex 中的数值数据保存到学习数据集 iris.train.data 中。

```
> iris.train.data <- iris[idex,]
> nrow(iris.train.data)
[1] 120
> head(iris.train.data)
    Sepal.Length Sepal.Width Petal.Length Petal.Width
104          6.3         2.9          5.5         1.8
93           5.8         2.6          4.0         1.2
18           5.1         3.5          1.4         0.3
79           6.0         2.9          4.5         1.5
46           4.8         3.0          1.4         0.3
107          4.9         2.5          4.5         1.7
        Species
104   virginica
93   versicolor
18       setosa
79   versicolor
46       setosa
107   virginica
```

其中 iris[idex,] 表示将保存在 idex 中的整数值作为编号数据使用。

输入以下内容可将未保存在学习数据集 iris.train.data 中的数据保存到实验数据集 iris.test.data 中。

```
> iris.test.data <- iris[-idex,]
> nrow(iris.test.data)
[1] 30
> head(iris.test.data)
   Sepal.Length Sepal.Width Petal.Length Petal.Width Species
10          4.9         3.1          1.5         0.1  setosa
13          4.8         3.0          1.4         0.1  setosa
28          5.2         3.5          1.5         0.2  setosa
35          4.9         3.1          1.5         0.2  setosa
40          5.1         3.4          1.5         0.2  setosa
48          4.6         3.2          1.4         0.2  setosa
```

其中 iris[-idex,] 表示除去原保存在 idex 中作为编号的整数值以外的数值数据。

要使用程序库 e1071，需要输入以下内容安装软件包 e1071。

```
> install.packages("c1071")
```

输入以下内容下载程序库。

```
> library(e1071)
```

使用命令 naiveBayes() 确定预测公式。

```
> iris.nb.res <- naiveBayes(Species~., data=iris.test.data)
```

其中 state~. 表示将变量 state 作为目标变量，用其他变量确定判别式。此外，data=nb.data 是定义的数据集。

要通过判别式对实验数据进行推测，需要使用命令 predict()。

```
> iris.nb.pred <- predict(iris.nb.res,iris.test.data)
```

❯第 10 章测试题解析

要使用数据集 iris，需要使用命令 data()。

```
> data(iris)
> head(iris)
  Sepal.Length Sepal.Width Petal.Length Petal.Width Species
1          5.1         3.5          1.4         0.2  setosa
2          4.9         3.0          1.4         0.2  setosa
3          4.7         3.2          1.3         0.2  setosa
4          4.6         3.1          1.5         0.2  setosa
5          5.0         3.6          1.4         0.2  setosa
6          5.4         3.9          1.7         0.4  setosa
```

根据定量变量 Sepal.Length、Sepal.Width、Petal.Length、Petal.Width，分别显示为 6 行 6 列的六角形网格。

输入以下内容导入软件包 kohonen。

```
> install.packages("kohonen")
```

输入以下内容读取 kohonen 程序库。

```
> library(kohonen)
```

使用命令 somgrid() 定义 6 行 6 列的六角网格图。

```
> som.grid2 <- somgrid(xdim=6,ydim=6,topo="hexagonal")
```

使用命令 som()，且只需使用数据 iris 的定量变量学习六角网格图。

```
> som.res2 <- som(as.matrix(iris[,1:4]),som.grid2)
```

其中 iris[,1:4] 表示使用数据 iris 中第 1 个到第 4 个的变量。命令 as.matrix() 表示将此数据转换为二维数据（矩阵型）。

默认的显示图是 codes plot，使用命令 plot() 显示，结果如图 A.23 所示。

```
> plot(som.res2)
```

Codes plot

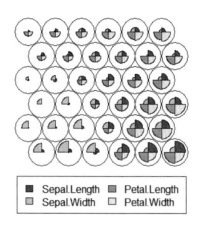

图 A.23   代码图

在让图学习完数据后，可显示出所属各个图节点的数据特征量的平均值。可以看出右下角到右上角是一些特征量比较大的鸢尾图，左上角到左下角是一些特征量比较小的鸢尾图。

要显示各个数据是怎样成图的，需要指定变量 type，并输入以下内容。

```
> plot(som.res2,type="mapping",col=as.numeric(iris[,5]))
```

其中 type="mapping" 表示显示形式为 Mapping Plot，如图 A.24 所示。变量 col 指定了符号的显示颜色。as.numeric(iris[,5]) 中的 iris[,5] 表示数据 iris 的第 5 个变量，即鸢尾的品种数据。函数 as.numeric() 表示分配到鸢尾品种文本数据里的数值（此时是 1，2，3 的任意一个）。通过给变量 col 赋值，数据就可显示出与其数值相对应的颜色。

Mapping plot

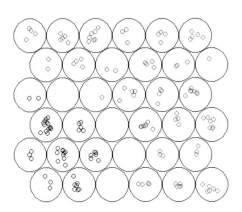

图 A.24　数据映射图

iris 数据中记录了 3 种鸢尾，它们是 setosa、versicolor、virginica，各自分配的数值分别为 1、2、3。另外，颜色中针对黑、红、绿分配了数值 1、2、3。因此，从以上结果来看，setosa（黑）集中在左下方，可以看成是尺寸较小（特征量小）的品种。而 virginica 集中在右边，则可考虑为整体特征量较大的品种。

要显示所属各节点的数据量，需要使用 type="counts"。

```
> plot(som.res2,type="counts",col=as.numeric(iris[,5]))
```

根据个数来改变节点的颜色，如图 A.25 所示。

Counts plot

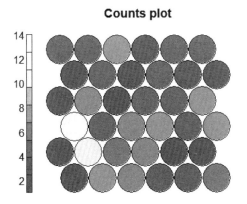

图 A.25　数据的个数图

❯ 第 11 章测试题解析

11.4.1 使用数据集 iris 进行判别分析

要使用数据集 iris，需要输入命令 data(iris)。若只显示数据记录中最开始的几行，需要输入命令 head(iris)。

```
> data(iris)
> head(iris)
  Sepal.Length Sepal.Width Petal.Length Petal.Width Species
1          5.1         3.5          1.4         0.2  setosa
2          4.9         3.0          1.4         0.2  setosa
3          4.7         3.2          1.3         0.2  setosa
4          4.6         3.1          1.5         0.2  setosa
5          5.0         3.6          1.4         0.2  setosa
6          5.4         3.9          1.7         0.4  setosa
```

从左开始依次是：萼片的长度 Sepal.Length、萼片的宽度 Sepal.Width、花瓣的长度 Petal.Length、花瓣的宽度 Petal.Width、品种 Species。其中，品种 Species 是定性变量，其他 4 个变量是定量变量。

从数据集 iris 中选取一部分作为学习数据集，一部分作为实验数据集，分开保存。数据集中所包含的数据总数可以使用命令 nrow() 求取，iris 数据集一般是 150 个。

```
> nrow(iris)
[1] 150
```

其中的 4/5 作为学习数据集，1/5 作为实验数据集保存。使用命令 sample()，可从 1 ~ 150 数值中随机选择 120 个，其结果保存在变量 idex 中。

```
> idex <- sample(nrow(iris),nrow(iris)*4/5)
> idex
  [1] 104  93  18  79  46 107 110  30  17 133  20   6 121 111
 [15] 120  11  74  25  65 145  21  59 118 146  90 101 125 100
 [29]  47 143  82  51 129  15  52 105  99  70 131  31  69  34
 [43]  27   9   3 142  24  54 150 137  26 126 114   1 141  45
 [57]  37  50 124  94  43  68  91  16 147  55 112  61 103 102
 [71]   4  56   7  98 127 116 109  41  14  57 139  63  29 148
 [85]  22  84  19 149  32   5 106  36  88  72  66  42   2  87
 [99]   8  77  85  38  75 123  97 115 136  44  12  23  62  33
[113] 135 108  39  96  64  73 113  89
```

sample(nrow(iris),nrow(iris)*4/5) 中, 第一个 nrow(iris) 表示从 1 到
nrow(iris)（=150）的值中用均匀随机数选择整数值, 第 2 个 nrow(iris)*4/5
（=120）表示选择了 120 个数值。

输入以下内容可将原保存在变量 idex 中的数值数据保存到学习数据集
iris.train.data 中。

```
> iris.train.data <- iris[idex,]
> nrow(iris.train.data)
[1] 120
> head(iris.train.data)
    Sepal.Length Sepal.Width Petal.Length Petal.width
104          6.3         2.9          5.5         1.8
93           5.8         2.6          4.0         1.2
18           5.1         3.5          1.4         0.3
79           6.0         2.9          4.5         1.5
46           4.8         3.0          1.4         0.3
107          4.9         2.5          4.5         1.7
        Species
104  virginica
93  versicolor
18      setosa
79  versicolor
46      setosa
107  virginica
```

其中 iris[idex,] 表示将保存在 idex 中的整数值作为编号数据使用。

输入以下内容可将未保存在学习数据集 iris.train.data 中的数据保存到
实验数据集 iris.test.data 中。

```
> iris.test.data <- iris[-idex,]
> nrow(iris.test.data)
[1] 30
> head(iris.test.data)
   Sepal.Length Sepal.Width Petal.Length Petal.Width Species
10          4.9         3.1          1.5         0.1  setosa
13          4.8         3.0          1.4         0.1  setosa
28          5.2         3.5          1.5         0.2  setosa
35          4.9         3.1          1.5         0.2  setosa
40          5.1         3.4          1.5         0.2  setosa
48          4.6         3.2          1.4         0.2  setosa
```

其中 iris[-idex,] 表示除去原保存在 idex 中作为编号的整数值以外的数
值数据。

输入以下内容安装软件包 randomForest。

```
> install.packages("randomForest")
```

输入以下内容读取程序库 randomForest。

```
> library("randomForest")
```

使用命令 randomForest() 学习判别式。

```
> iris.rf.res <- randomForest(Species~., data=iris.train.data)
```

其中 Species~. 表示目标变量是 Species，用其他所有变量来确定判别式。
data=iris.train.data 表示学习数据的数据集。

```
> iris.rf.res
Call:
 randomForest(formula = Species ~ ., data = iris.train.data)
               Type of random forest: classification
                     Number of trees: 500
No. of variables tried at each split: 2

        OOB estimate of  error rate: 3.33%
Confusion matrix:
           setosa versicolor virginica class.error
setosa         43          0         0  0.00000000
versicolor      0         36         1  0.02702703
virginica       0          3        37  0.07500000
```

要判别学习数据，需要使用命令 predict() 输入以下内容。

```
> iris.rf.pred <- predict(iris.rf.res,iris.train.data)
```

其中 predict(iris.rf.res,iris.train.data) 表示使用 iris.rf.res 中确
定的判别规则对 iris.train.data 进行判别，其结果代入到变量 iris.rf.pred 中。

若要比较学习数据和预测数据，只显示最开始的 6 项内容，则结果如下所示。

```
> head(data.frame(iris.train.data[5],iris.rf.pred))
        Species iris.rf.pred
104   virginica    virginica
93   versicolor   versicolor
18       setosa       setosa
79   versicolor   versicolor
46       setosa       setosa
107   virginica    virginica
```

根据这个结果可以看出以上 6 个数据的判别是正确的。

要判别实验数据，需要使用命令 predict() 输入以下内容。

```
> iris.rf.pred2 <- predict(iris.rf.res,iris.test.data)
```

其中 predict(iris.svm.res,iris.test.data) 表示使用 iris.rf.res 中保存的判别规则对 iris.test.data 进行判别。

若要与实验数据的预测准确度相比较，由以下内容可知预测是正确的。

```
> head(data.frame(iris.test.data[5],iris.rf.pred2))
   Species iris.rf.pred2
10  setosa        setosa
13  setosa        setosa
28  setosa        setosa
35  setosa        setosa
40  setosa        setosa
48  setosa        setosa
```

11.4.2 使用数据集 ToothGrowth 进行回归分析

输入命令 data(ToothGrowth) 后便可使用数据集 ToothGrowth。如果只显示数据记录中最开始的几行，需要输入命令 head(ToothGrowth)。

```
> data(ToothGrowth)
> head(ToothGrowth)
   len supp dose
1  4.2   VC  0.5
2 11.5   VC  0.5
3  7.3   VC  0.5
4  5.8   VC  0.5
5  6.4   VC  0.5
6 10.0   VC  0.5
```

数据集 ToothGrowth 中记录的数据种类从左开始依次是：牙齿生长量 len、给药方法 supp、给药量 dose。len 和 dose 是定量变量，supp 是定性变量。分别取了 VC（维生素 C）和 OJ（橙汁）2 个值。

从数据集 ToothGrowth 中选取一部分作为学习数据集，一部分作为实验数据集，分开保存。

数据集中所包含的数据总数使用命令 nrow() 求取，ToothGrowth 一般为 60 个。

```
> nrow(ToothGrowth)
[1] 60
```

其中 4/5 作为学习数据集，1/5 作为实验数据集保存。使用命令 sample()，可从 1 ~ 60 的数值中随机选择 48 个，其结果保存在变量 idex2 中。

```
> idex2 <- sample(nrow(ToothGrowth),nrow(ToothGrowth)*4/5)
> idex2
 [1] 21 52 53 57  6 55 33 36 48 12 14 37 43 41 38 46 54 29 60
[20]  1 49 51 56 13 34 30  4 15 32 16 31 39 45  2 10 26  9 50
[39] 42 58 11 40 18 17 59  3 20  7
```

sample(nrow(ToothGrowth),nrow(ToothGrowth)*4/5) 中，第一个 nrow(ToothGrowth) 表示从 1 到 nrow(ToothGrowth)（=60）的值中用均匀随机数选择整数值，第 2 个 nrow(ToothGrowth)*4/5 表示选择的整数个数是（nrow(ToothGrowth)*4/5 =）48 个。

输入以下内容可将原保存在变量 idex2 中的数值数据保存到学习数据集

ToothGrowth.train.data 中。

```
> ToothGrowth.train.data <- ToothGrowth[idex2,]
> nrow(ToothGrowth.train.data)
[1] 48
> head(ToothGrowth.train.data)
    len supp dose
21 23.6   VC  2.0
52 26.4   OJ  2.0
53 22.4   OJ  2.0
57 26.4   OJ  2.0
6  10.0   VC  0.5
55 24.8   OJ  2.0
```

其中 ToothGrowth[idex2,] 表示将保存在 idex2 中的整数值作为编号数据使用。可以看出这里记录了 60 个数据中占 4/5 的 48 个数据。

输入以下内容可将未保存在学习数据集 ToothGrowth.train.data 中的数据保存到实验数据集 ToothGrowth.test.data 中。

```
> ToothGrowth.test.data <- ToothGrowth[-idex2,]
> nrow(ToothGrowth.test.data)
[1] 12
> head(ToothGrowth.test.data)
    len supp dose
5   6.4   VC  0.5
8  11.2   VC  0.5
19 18.8   VC  1.0
22 18.5   VC  2.0
23 33.9   VC  2.0
24 25.5   VC  2.0
```

其中 ToothGrowth[-idex2,] 表示除去原保存在 idex2 中作为编号的整数值以外的数值数据。

输入以下内容安装软件包 randomForest。

```
> install.packages("randomForest")
```

输入以下内容读取程序库 randomForest。

```
> library("randomForest")
```

使用命令 randomForest() 学习判别式。

```
> ToothGrowth.rf.res <- randomForest(len~., data=ToothGrowth.trai
n.data)
> ToothGrowth.rf.res

Call:
 randomForest(formula = len ~ ., data = ToothGrowth.train.data)
               Type of random forest: regression
                     Number of trees: 500
No. of variables tried at each split: 1

          Mean of squared residuals: 18.47757
                    % Var explained: 67.12
```

其中 len~. 表示以 len 为目标函数，用其他所有的变量确定回归方程。
data=ToothGrowth.train.data 表示使用的数据是 ToothGrowth.train.data。

要判别学习数据，需要使用命令 predict() 输入以下内容。

```
> ToothGrowth.rf.pred <- predict(ToothGrowth.rf.res, ToothGrowth.
train.data)
```

其中 predict(ToothGrowth.rf.res,ToothGrowth.train.data) 是指将
ToothGrowth.train.data 代入到 ToothGrowth.rf.res 确定的回归方程中。

把用于学习的正确数据和预测数据进行比较，只显示最开始的 6 项内容，则
结果显示如下。

```
> head(data.frame(ToothGrowth.train.data[1],ToothGrowth.rf.pred))
    len ToothGrowth.rf.pred
21 23.6            22.80396
52 26.4            24.22996
53 22.4            24.22996
57 26.4            24.22996
6  10.0            10.81524
55 24.8            24.22996
```

计算预测误差的绝对值，输入变量 ToothGrowth.rf.error 后显示以下内容。

```
> ToothGrowth.rf.error <- abs(ToothGrowth.train.data[1]-ToothGrow
th.rf.pred)
> head(ToothGrowth.rf.error)
         len
21 0.7960371
52 2.1700419
53 1.8299581
57 2.1700419
6  0.8152383
55 0.5700419
```

以下内容是求取这些数据的最大值、最小值和平均值。

```
> max(ToothGrowth.rf.error)
[1] 9.696037
> min(ToothGrowth.rf.error)
[1] 0.1540749
> sum(ToothGrowth.rf.error)/nrow(ToothGrowth.rf.error)
[1] 3.04929
```

其中命令 max()、min()、sum() 分别是指求取最大值、最小值、总和。

要判别实验数据，需要使用命令 predict() 输入以下内容。

```
> ToothGrowth.rf.pred2 <- predict(ToothGrowth.rf.res, ToothGrowth
.test.data)
> head(data.frame(ToothGrowth.test.data[1],ToothGrowth.rf.pred2))
    len ToothGrowth.rf.pred2
5   6.4              10.81524
8  11.2              10.81524
19 18.8              16.68434
22 18.5              22.80396
23 33.9              22.80396
24 25.5              22.80396
```

以下内容是计算出的最大误差、最小误差、平均误差。

```
> ToothGrowth.rf.error2 <- abs(ToothGrowth.test.data[1]-ToothGrow
th.rf.pred2)
> max(ToothGrowth.rf.error2)
[1] 11.09604
> min(ToothGrowth.rf.error2)
[1] 0.147521
> sum(ToothGrowth.rf.error2)/nrow(ToothGrowth.rf.error2)
[1] 3.620592
```

❯第 12 章测试题解析

要使用数据集 iris，需要输入命令 data(iris)。若只显示数据记录中最开始的几行，需要输入命令 head(iris)。

```
> data(iris)
> head(iris)
  Sepal.Length Sepal.Width Petal.Length Petal.Width Species
1          5.1         3.5          1.4         0.2 setosa
2          4.9         3.0          1.4         0.2 setosa
3          4.7         3.2          1.3         0.2 setosa
4          4.6         3.1          1.5         0.2 setosa
5          5.0         3.6          1.4         0.2 setosa
6          5.4         3.9          1.7         0.4 setosa
```

从左开始依次是：萼片的长度 Sepal.Length、萼片的宽度 Sepal.Width、花瓣的长度 Petal.Length、花瓣的宽度 Petal.Width、品种 Species。其中，品种 Species 是定性变量，其他 4 个变量是定量变量。

从数据集 iris 中选取一部分作为学习数据集，一部分作为实验数据集，分开保存。数据集中所包含的数据总数可以使用命令 nrow() 求取，iris 数据集一般是 150 个。

```
> nrow(iris)
[1] 150
```

其中的 4/5 作为学习数据集，1/5 作为实验数据集保存。使用命令 sample()，可从 1 ~ 150 数值中随机选择 120 个，其结果保存在变量 idex 中。

```
> idex <- sample(nrow(iris),nrow(iris)*4/5)
> idex
  [1] 104  93  18  79  46 107 110  30  17 133  20   6 121 111
 [15] 120  11  74  25  65 145  21  59 118 146  90 101 125 100
 [29]  47 143  82  51 129  15  52 105  99  70 131  31  69  34
 [43]  27   9   3 142  24  54 150 137  26 126 114   1 141  45
 [57]  37  50 124  94  43  68  91  16 147  55 112  61 103 102
 [71]   4  56   7  98 127 116 109  41  14  57 139  63  29 148
 [85]  22  84  19 149  32   5 106  36  88  72  66  42   2  87
 [99]   8  77  85  38  75 123  97 115 136  44  12  23  62  33
[113] 135 108  39  96  64  73 113  89
```

sample(nrow(iris),nrow(iris)*4/5) 中，第一个 nrow(iris) 表示从 1

到 nrow(iris)（=150）的值中用均匀随机数选择整数值。第 2 个 nrow(iris)*
4/5（=120）表示选择了 120 个数值。

　　输入以下内容可将原保存在变量 idex 中的数值数据保存到学习数据集
iris.train.data 中。

```
> iris.train.data <- iris[idex,]
> nrow(iris.train.data)
[1] 120
> head(iris.train.data)
    Sepal.Length Sepal.Width Petal.Length Petal.Width
104          6.3         2.9          5.5         1.8
93           5.8         2.6          4.0         1.2
18           5.1         3.5          1.4         0.3
79           6.0         2.9          4.5         1.5
46           4.8         3.0          1.4         0.3
107          4.9         2.5          4.5         1.7
        Species
104   virginica
93   versicolor
18       setosa
79   versicolor
46       setosa
107   virginica
```

　　其中 iris[idex,] 表示将保存在 idex 中的整数值作为编号数据使用。

　　输入以下内容可将未保存在学习数据集 iris.train.data 中的数据保存到实
验数据集 iris.test.data 中。

```
> iris.test.data <- iris[-idex,]
> nrow(iris.test.data)
[1] 30
> head(iris.test.data)
   Sepal.Length Sepal.Width Petal.Length Petal.Width Species
10          4.9         3.1          1.5         0.1  setosa
13          4.8         3.0          1.4         0.1  setosa
28          5.2         3.5          1.5         0.2  setosa
35          4.9         3.1          1.5         0.2  setosa
40          5.1         3.4          1.5         0.2  setosa
48          4.6         3.2          1.4         0.2  setosa
```

　　其中 iris[-idex,] 表示除去原保存在 idex 中作为编号的整数值以外的数
值数据。

　　输入以下内容下载软件包 h2o。

```
> install.packages("h2o")
```

输入以下内容读取程序库 h2o。

```
> library(h2o)
```

使用命令 h2o.init() 将环境初始化，然后启动 h2o 程序。

```
> h2oinit <- h2o.init(ip="localhost", port=54321, startH2o=TRUE,
nthreads=-1)
```

h2o 的处理数据开始准备的是 text 和 csv 格式的数据，接着需要转换为 h2o
目标格式。

首先，使用命令 write.csv()，将 iris.train.data 和 iris.test.
data 输出为 csv 文件。

```
> write.csv(iris.train.data,"iris_train.csv", quote=FALSE, row.na
mes=FALSE)
```

其中 iris.train.data 是输出为 csv 文件的变量名，"iris_train.csv" 是指
输出的 csv 文件名。为了不让输出 csv 文件的数值和字符串被 "" 框住，需要指定
quote=FALSE。为了不输出行编号，需要指定 row.names=FALSE。

同样，输入以下内容可将变量 iris.test.data 输出到文件 iris_test.csv。

```
> write.csv(iris.test.data,"iris_test.csv", quote=FALSE, row.name
s=FALSE)
```

若要将 csv 文件转换为 h2o 目标格式，需要使用命令 h2o.importFile()。

```
> iris.h2o.train <- h2o.importFile(path="iris_train.csv")
  |=============================================| 100%
> iris.h2o.test <- h2o.importFile(path="iris_test.csv")
  |=============================================| 100%
```

使用命令 h2o.deeplearning 学习判别式，其结果保存在变量 iris.h2o.
res 中。

```
> iris.h2o.res <- h2o.deeplearning(x=1:4,y=5,training_frame=iris.
h2o.train, activation="Rectifier",hidden=c(30,50,30),epochs=50000
)
  |=================================================| 100%
```

training_frame=iris.h2o.train 是学习数据的文件名。$x=1:4$ 和 $y=5$ 与学习数据 iris.h2o.train 的数据结构相关。学习数据 iris.h2o.train 是由 5 列数据组成，第 5 列是目标变量 y，第 1 列到第 4 列是说明变量。$y=5$ 表示目标变量是第 1 列，$x=1:4$ 表示说明变量是第 1 列到第 4 列。activation="Rectifier" 表示使用的学习函数是 Rectifier。hidden=c(30,50,30) 表示中间层是由 3 层组成，各自的节点数分别为 30、50、30。最后，epochs=50000 是学习次数。

要对测试数据 iris.h2o.test 进行预测，需要使用命令 h2o.predict()。

```
> iris.h2o.res2 <- h2o.predict(object=iris.h2o.res,newdata=iris.h
2o.test)
  |=================================================| 100%
> iris.h2o.res2
  predict setosa     versicolor      virginica
1  setosa      1 1.164148e-09 6.725385e-36
2  setosa      1 2.594035e-09 1.019784e-35
3  setosa      1 2.077720e-11 1.511937e-36
4  setosa      1 1.584194e-09 4.897123e-35
5  setosa      1 7.160964e-11 4.220315e-36
6  setosa      1 1.885833e-09 6.459302e-35
```

后记

　　近年来，Python 语言被广泛应用于数据挖掘。Python 是一种使用起来非常方便的程序语言，它包含了很多用于数据分析的程序库。也许有人认为 R 与 Python 语言相比显得有些陈旧，但是由于 R 从很早以前就开始被使用，所以在某种程度上说，R 可以说是一种比较成熟的语言了，而且，至今还有很多能够熟练使用 R 语言的用户。

　　因此，本书使用 R 对数据分析进行讲解。第 1 部分的多变量分析中介绍了回归分析、主成分分析、判别分析、聚类分析。第 2 部分介绍了神经网络、支持向量机、贝叶斯估计、多层感知器、自组织映射网络、随机森林、深度神经网络。

　　如果本书能成为初学者学习 R 语言，并通过 R 语言进行机器学习的契机，笔者将非常高兴。

参考文献

(1) 上田太一郎 . Excel でできるデータマイニング入門 . 同友館，2001.

(2) 豊田秀樹 . データマイニング入門 . 東京書籍，2008.

(3) 山本義郎，藤野友和，久保田貴文 . R によるデータマイニング入門 . オーム社，2015 .

(4) 統計的学習の基礎 ―データマイニング・推論・予測―. T. Hastie，R. Tibshirani，J. Friedman（著），杉山 将 他（訳）. 共立出版，2014.

(5) R-Tips. http://cse.naro.affrc.go.jp/takezawa/r-tips/r.html.（2017 年 10 月 15 日参照）.

(6) Package 'e1071' . https://cran.r-project.org/web/packages/e1071/e1071.pdf.（2017 年 10 月 15 日参照）.

(7) Bioinformatics. https://bi.biopapyrus.jp/ai/machine-learning/svm/r/.（2017 年 10 月 15 日参照）.

(8) Package 'kernlab' . https://cran.r-project.org/web/packages/kernlab/kernlab.pdf.（2017 年 10 月 15 日参照）.

(9) Package 'nnet' . https://cran.r-project.org/web/packages/nnet/nnet.pdf.（2017 年 10 月 15 日参照）.

(10) Package 'randomForest' . https://cran.r-project.org/web/packages/randomForest/randomForest.pdf.（2018 年 5 月 1 日参照）.

(11) Package 'h2o' . https://cran.r-project.org/web/packages/h2o/h2o.pdf.（2017 年 10 月 15 日参照）.

(12) 六本木で働くデータサイエンティストのブログ . H2O の R パッケージ {h2o} でお手軽に Deep Learning を実践してみる（1）：まずは決定境界を描く . http://tjo.hatenablog.com/entry/2014/10/23/230847.（2017 年 10 月 15 日参照）.